麦克笔画《妆》（1991）

服饰美术·朱钰敏图文集

朱钰敏著

东华大学出版社

图书在版编目（ＣＩＰ）数据

服饰美术·朱钰敏图文集/朱钰敏著. —上海：东华大学出版社，2012.9
ISBN 978-7-5669-0141-5

Ⅰ.①服…　Ⅱ.①朱…　Ⅲ.①服装—艺术—文集
Ⅳ.①TS941-53

中国版本图书馆CIP数据核字（2012）第215947号

责任编辑　杜亚玲
封面设计　潘志远

服饰美术·朱钰敏图文集

朱钰敏　著

东华大学出版社出版

上海市延安西路1882号

邮政编码：200051

本社网址：http://www.dhupress.ent

淘宝书店：http://dhupress.taobao.com

营销中心：021-62193056　62373056　62379558

杭州富春电子印务有限公司印刷

开本：889×1194　1/16　印张：7.75　字数：270千字

2013年1月第1版　2013年1月第1次印刷

ISBN 978-7-5669-0141-5/G·138

定价：38.00元

前 言
PREFACE

　　随着时间的推移，过去的一切渐趋遥远，却又无法忘怀。退休人步入喜寿，与时俱进，将旧作新编出个专集，乃老有所为又力所能及的恰好选项。

　　2011年7月起，我集中整理身边留存的各类画作和文稿，大体按其代表性、独特点、年份感、教学法和读者群进行初选，继而依据服装与装饰作主线、艺术与学术相交融的基本思路，筛选确定100幅画（时间跨度1950—1993）和10篇文章（时间跨度1979—2007），梳理成6个篇章。陆续标注图题，重新润色文字，几经推敲，串联结集。此外，散失在外的作品无法选录，不无遗憾。

　　一定意义上说，这是一线教师学艺、从艺经历的真实记录，也是不同年份心力所向的独自体验。

　　回顾性的集子，有关怀旧意味，追求学艺本身的价值或某种史料价值。温故知新，如对读者的研究学习有所参考、借鉴或带来品读愉悦的话，作者将倍感欣慰。受个人能力所限，书中不足、乃至错误在所难免，冀望读者指正。

　　在这里，对鼓励、支持、协助出版此书的领导、同行、亲友，一并深表谢忱！

李祖敏

2012年4月于东华大学
纺大小区

大学毕业前夕（1959）

体验少数民族风情（1981）

采风收集素材（1984）

教学生涯一瞬间（1990）

老年观光考察（2008）

自述履历
BIOGRAPHY

1934 年生于苏州

1945 年起私立晏成中学（苏州市三中前身）六年，课余习画

1952 年天津大学土建系房屋建筑学专业一年

1953 年北京俄专留苏预备部培训一年

1954 年起前苏联莫斯科纺织学院应用美术系织物艺术设计专业五年半，攻读工艺美术师资格（相当于硕士学位），前三年打基础，机织、针织、印花和服装通学，后两年半主修织物印花图案设计

1959 年加入中国共产党

1960 年毕业回国，纺织部派往上海对口厂劳动见习

1961 年起苏州丝绸工学院（现苏州大学）工作二十年，参与开办美术新专业，编教材，授印花设计课和部分基础课，带毕业设计，职称讲师（1979），兼工美室副主任、系党总支副书记

1981 年起上海纺织工业专科学校工作六年，书面建议并实际参与服装新专业筹建，编大纲、教材，授专业课，带采风实习，职称副教授（1986），兼美术学科主任。兼任上海市服饰协会常务理事，中国大百科全书·纺织卷特约图片编辑

1987 年起中国纺织大学（现名东华大学）工作八年（期间出国访问进修八个月），开设服装造型设计、服装画技法和采风实习，带毕业设计，职称教授（1993），硕士生导师，兼工艺美术系主任。兼任上海市服装行业协会技术顾问或专家委员，纺织部服装与纺织品设计高中级职务评委会委员，上海市长宁区科技专家组成员

1995 年退休，受聘于上海工程技术大学等校授服装设计、图案基础课程，学术研究、专业咨询多年

目 录
Contents

服饰美术·宋钰敏图文集 2

第二篇　织物图案设计与图案基础　／023

第三篇　多样化的写生（速写）和素材积累　/037

服装造型设计与服装画风

现代服装业，由设计（造型—结构—工艺）、生产（选材—裁剪—缝制）和营销（宣传推介—售后服务—信息反馈）多个部门组成。其中，服装造型设计是三大设计中的第一设计，其创意强，起引领作用。

设计者有自己的创作意图和个性特点，采用手绘的独特画面表达构想中的样式。作为设计课教师，主要配合教学做储备设计，不完全拘泥于"流行"，拓展思路，涉及门类宽广些，以顺应服装多元、审美多样的发展趋势。

同时似应争取科研项目，创造实物制作条件。

图 1-1 "文华情结"新款（1987）

（水彩、油彩粉笔，设计效果图，35cm×25cm）

图1-2 奢华型共性感礼装（1993）

（彩色水笔，设计效果图，35cm×25cm）

图 1-3　江南水乡镶拼装（1989）

（水彩，油彩粉笔，设计效果图，附款式图，35cm×24cm）

图1-4　西南乡土味组合装之一：
　　　　黑黄灰（1986）

（水彩，设计效果图，35cm×25cm）

图 1-5　西南乡土味组合装之二：
　　　　白红蓝（1986）
（水彩，设计效果图，35cm×25cm）

图1-6　西南乡土味组合装之三：
　　　　红黄蓝（1986）
（水彩，设计效果图，35cm×25cm）

图 1-7 "穿越时空"组合灵感（1991）

（彩色针管笔,服装效果图,36cm×25cm）

图1-8　材质对比透视套装（1984）

（水彩，设计效果图，附款式图，35cm×25cm）

图 1-9-1　针织蝙蝠衫
（35cm×25cm）

图 1-9　针织厂来料设
　　　　计一组（1984）

图 1-9-2　筒状镶条连身外套
（35cm×25cm）
（中选投产）

图 1-9-4　军服式女针织大衣
（35cm×25cm）

图 1-9-3　镶拼针织套衫
（35cm×25cm）

图 1-11 日常休闲
同料套装（1987）
（水彩，设计效果图，
35cm×25cm）

图 1-10 耸肩宽臀
休闲组合装（1985）
（水彩，设计效果图，
35cm×25cm）

图 1-12 20世纪30
年代怀旧风连衣裙
（1986）
（水彩，设计效果图，
附款式图，35cm×
25cm）

图1-13 中年妇女着装两款（1985）
（水彩，设计效果图，36cm×38cm）

图 1-14　缀泡钉镶拼装（1987）

（水彩，设计效果图两款，35cm×40cm）

（实验工场制成展品：采用真丝面料，翘
　边六角形塑质亮片替代泡钉）

图 1-15　中国风舞蹈服装（1986）

（水粉、水彩，设计效果图两款，36cm×40cm）

图 1-16 女童裙配手袋造型（1956）
（水粉，设计效果图两款，26cm×36cm）
（20 世纪 50 年代设计稿，是我国解放后最
早期的效果图）

图 1-17　莫斯科风行布拉吉（1956）

（水粉、墨笔，大众日常连衣裙效果图 2 款，28×33cm）

图 1-18 实用生活女装 2 款（1985）

（水粉＋油彩粉笔，设计效果图，35×38cm）

图 1-19　A 字型连帽夹大衣（1986）

（水彩，设计效果图，35×25cm）

图 1-20　民俗味拷扣中长款披肩（1983）

（水粉，设计效果图，35×25cm）

图 1-21　融合建筑元素的服装造型（1982）
（灵感来自云南大理崇圣寺塔）
（水彩，设计效果图 2 款，35×41cm）

图 1-22　文艺复兴主题的舞台服装（1982）
（水彩，设计效果图，35×25cm）

图 1-23　异域风情新演绎（1986）
图 1-23-1　倾向于舞台化处理
（水彩 + 油彩粉笔，服装效果图，35×25cm）
图 1-23-2　倾向于生活化处理
（水彩 + 油彩粉笔，服装效果图，35×25cm）

[第二篇]

织物图案设计与图案基础

　　服装上的纹饰，首先来自花色面料的原有图案，其次是将成衣经过扎染、绣花之类的工艺再加工，也包括缝制过程中产生的种种饰纹效果，还有就是服装零配件上面的纹样装饰。

　　由于图案结构（单独、适合、二方、四方连续）的不同，纹样取材及表现技法（写实、写意、装饰、抽象）的不同，装饰部位的不同，工艺手法的不同而变化多端、千差万别。设计该简则简，该繁则繁，突出其重点和视觉焦点至关重要。通常以服装材质肌理作支撑，服装纹饰作点缀，加上服装色彩的选配，整合起来凸现着装风格。

图 2-1　织物图案"云雾山景"（1959）

（四方连续，花回 30cm×39cm，平接版）

图 2-2 "云雾山景"服饰效
果示意图（1959）

（水粉，52cm×26cm）

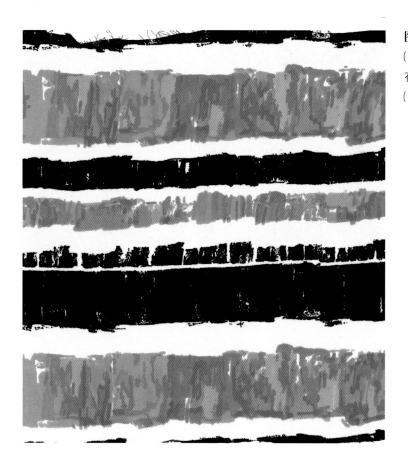

图 2-4　丝绸印花图案"黑森林"（1958）

（水粉，设计初稿，40cm×30cm）

图 2-5 织物印花图案"几何游戏"（1981）

（水粉，花回 33cm×24cm，跳接版）

图 2-6　印花图案"满地花朵"（1981）

（水粉，花回 33cm×20cm，跳接版）

图 2-7　印花图案"单套色大簇花"（1986）

（钢笔制图，花回 51cm×36cm，跳接版）

图 2-8　黑白花卉图案 4 幅（1978）

（钢笔制图，18cm×12cm，18cm×16cm）

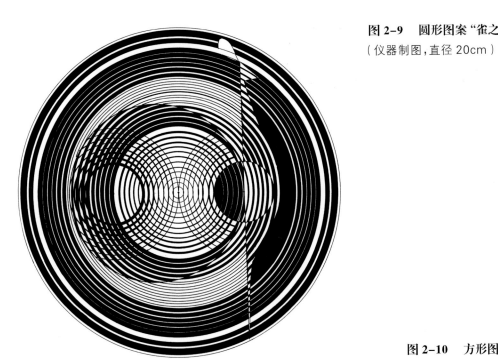

图 2-9　圆形图案"雀之灵动"（1986）

（仪器制图,直径 20cm ）

图 2-10　方形图案"孔雀开屏"（1978）

（丝网多套印花,31cm×31cm,原作存常州印花绣品厂）

图 2-11 儿童围胸图案"中国蓝印"（1956）

（手工自制实物，最大尺寸37cm×35cm，需留缝份）

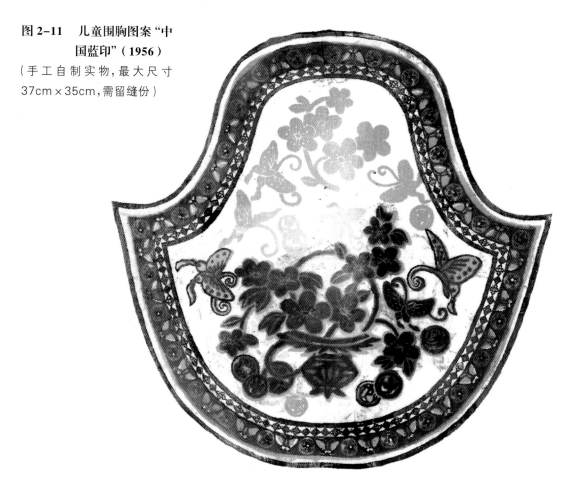

图 2-12 包袋印花图案"波兰剪纸"（1957）

（手工自制实物，57cm×38cm，需留缝份）

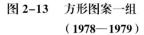
图 2-13　方形图案一组
（1978—1979）

图 2-13-1　向宇宙空间进军（31cm×31cm）

图 2-13-2　南斯拉夫民间服饰（31cm× 31cm ）

图 2-13-3　船来船往（31cm×31cm ）

图 2-13-4　器皿组合（31cm×31cm ）

图 2-14-1 手帕图案（设计初稿 25cm×25cm）

图 2-14 "57莫斯科世青节"主题设计（1956）

图 2-14-2 大方巾图案（设计初稿 54cm×54cm）

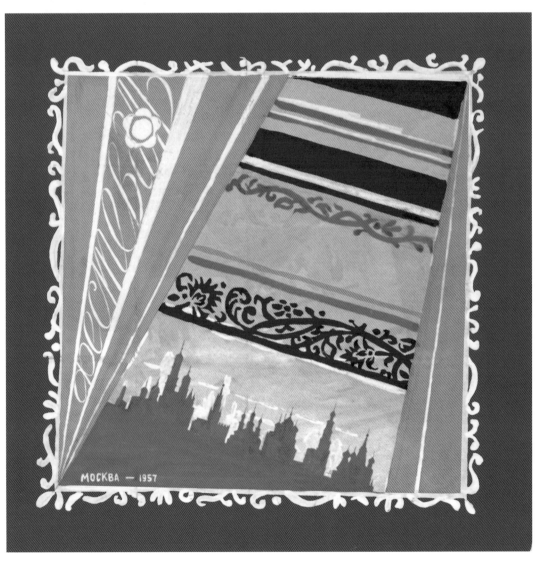

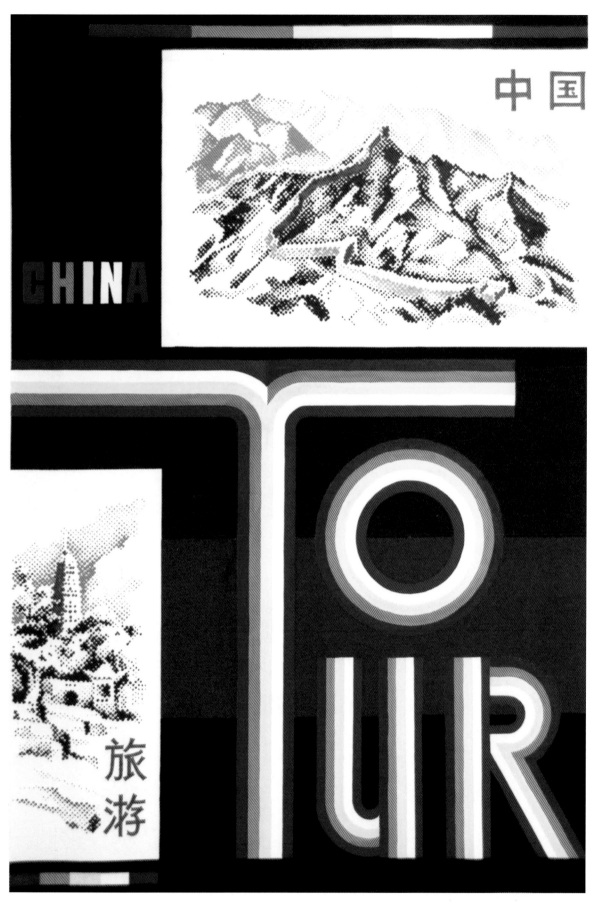

图 2-15 招贴图案"中国旅游"（1973）

（第一作者，75cm×52cm）

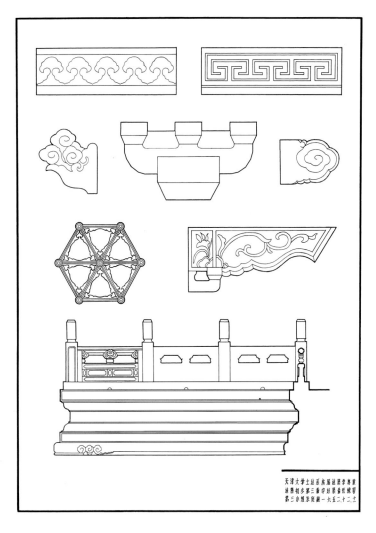

图 2-16　建筑初步·图形练习（1952）
（制图仪器，46cm×34cm）

图 2-17建筑初步·线条练习（1952）
（制图仪器，46cm×34cm）

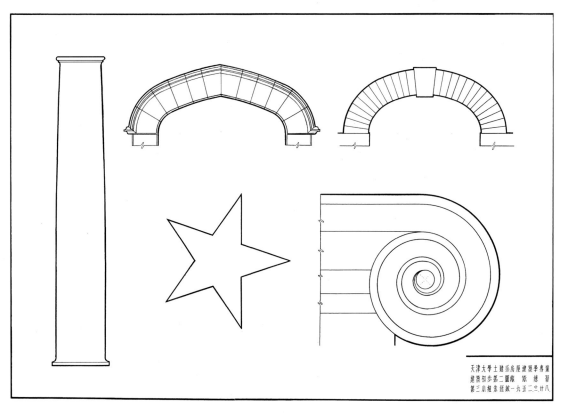

[第三篇]

多样化的写生（速写）和素材积累

设计离不开美术素养和绘画基础。西洋训练画画的一套体系，应该基本肯定。素描与彩绘并重，慢写与速写组合，在掌握写实功底前提下，从设计特点出发，进行专业性画法、图案性画法、中西混搭画法的探索，以及使用多种绘画工具、材料的尝试。

走出画室，实地采风。参观纺织服装博物馆，走基层到农村了解当地风土人情、穿着习俗，观摩原生态的服饰实物、建筑等工艺美术精华，观察大自然物象及其色彩，"游山玩水"，收集设计素材，奇思妙想，激活创作灵感。

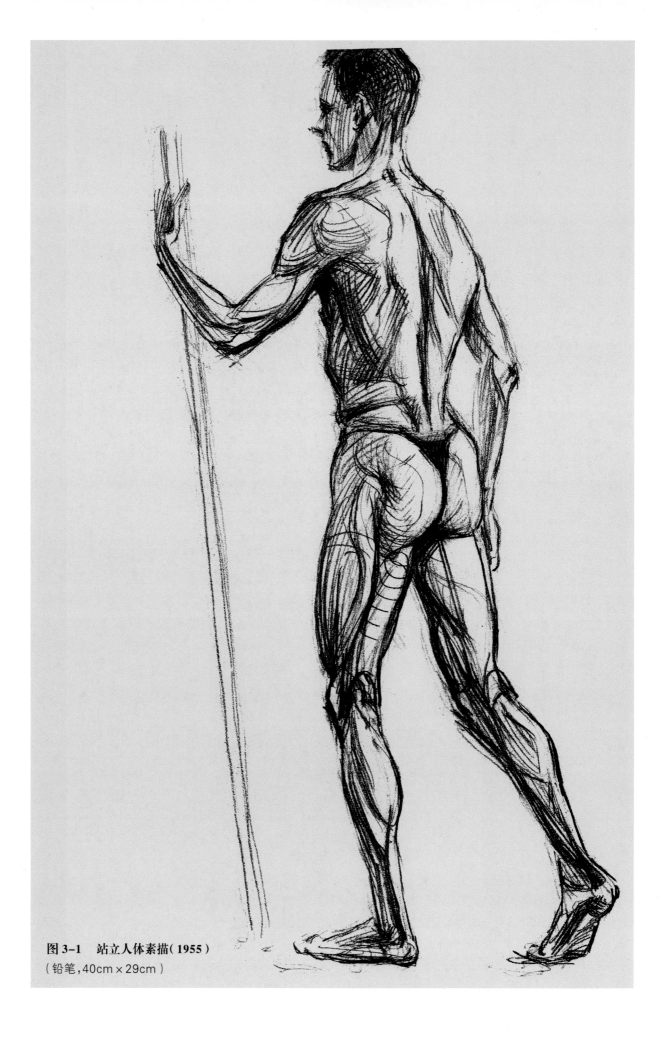

图3-1 站立人体素描（1955）

（铅笔，40cm×29cm）

图 3-2　背影（1957 ）

（ "桑格那" 红蜡粉笔速写,48cm×32cm ）

图 3-3-1　勾线衬影（42cm×29cm）

图 3-3　人体毛笔速写
　　　技法探索一组（1958）

图 3-3-2　水墨勾线（42cm×29cm）

图 3-3-3　墨色勾线（42cm×29cm）

图 3-3-4　黑白块面（42cm×29cm）

图 3-4　模特走台模拟（1958）

（黑白块面速写，60cm×36cm）

图3-5　高尔基石膏像（1950）
（铅笔，25cm×19cm）

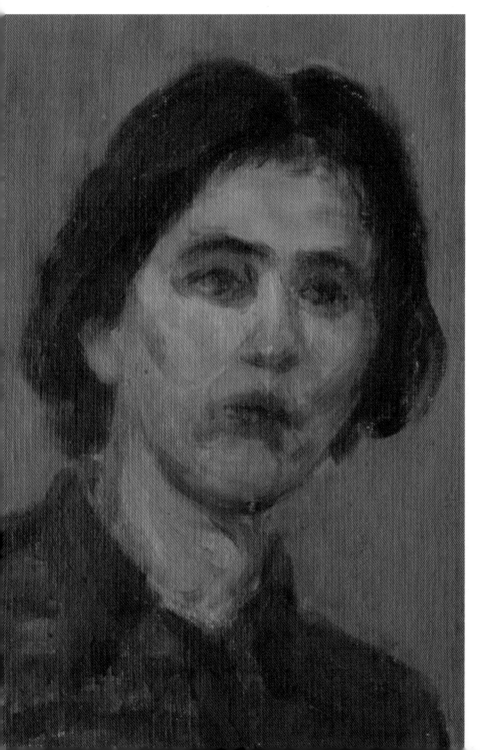

图3-6　女大学生头像（1957）
（布面纸板油画，35cm×25cm）

图 3-7　俄罗斯妇女头像（1956）
（浸油纸板油画，70cm×50cm，边沿稍损）

图 3-8   自画像（1962）
（布面纸板油画，35cm×25cm）

图 3-9　傣族小姑娘（1980）

（水彩，40cm×28cm）

图 3-10　走亲戚的边寨村妇（1980）
（水粉，47cm×34cm）

图 3-11 滑雪装扮的姑娘
（1956）
（水彩、水粉，54cm×29cm）

图 3-12 室内景纱裙女（1957）

（水彩，62cm×43cm，全幅及头胸
部特写）

图 3-13　海外民博馆展示的服饰（1958）

（水彩,专业性写生,41cm×29cm）

图 3-14　馆藏纳西族服饰（1984）

（水彩,54cm×39cm）

图 3-15　馆藏花腰傣服饰（1984）
（水彩，54cm×39cm）

图 3-16　馆藏基诺族服饰（1984）
（水彩，54cm×39cm）

图 3-17 火塘旁的女知青（1980）

（水笔，38cm×27cm）

图 3-18 中缅边村男青年

（1980）

（水笔速写，38cm×27cm）

图 3-19 围大头巾的傣妇（1980）

（水笔速写，37cm×27cm）

图 3-20　德宏边村
　　　　景色缤纷一组（1980）

图 3-20-1　冬晨榕树一小景
（水彩，油彩粉笔写生，27cm×39cm）

图 3-20-2　庄房佛堂内景
（水彩写生，40cm×27cm）

图 3-20-3　傣村新民居冬季中午一景
（水彩写生，32cm×27cm）

图3-21　二楼窗外大树和俄式木屋（1956）
（水彩，60cm×42cm）

图3-22　花卉彩绘一组（1958）

图3-22-1　窗台杯插野花束
（水彩，写生，20cm×23cm）

图3-22-2　花丛色彩印象
（水彩速写，与图案构思结合，33cm×25cm）

图3-22-3　鲜花多多
（水彩，专业性速写，51cm×36cm）

图 3-23　钢笔花卉 · 绘画性写生（1979）

图 3-23-1　紫燕（20cm×15cm）

图 3-23-2　柱顶红（20cm×15cm）

图 3-23-3　竹节海棠（20cm×15cm）

图 3-23-4　牡丹（20cm×15cm）

图 3-24 钢笔花卉 · 图案性写生（1979）

图 3-24-1　杜鹃与小花（16cm×16cm）

图 3-24-2　风拂象牙白（16cm×16cm）

图 3-24-3　晨雾中牡丹（20cm×15cm）

图 3-24-4　沙地出奇葩（16cm×16cm）

[第四篇]
设计与纯美术小创作互动

设计者除特定任务外，作为一种工作调剂或积极的休闲方式，业余进行美术绘画创作挺有意思。

设计者应虚心向职业画家、基础课老师求教，看懂、学会一些东西。但无须同他们的高水平、大尺幅、群像画盲目攀比。

用自己熟悉的"语言"，画自己熟悉的题材，如"时尚装饰画"、"时装风格画"、"想象小品画"之类的美术作品，可能是扬长避短的有效做法。移植、嫁接产生新质，越界互动更富有生命力，利于丰富思维、拓展思路，提升设计本身的艺术形象性。

图 4-1　民族姐妹俩（1993）
（钢笔、油彩粉笔、水彩，37cm×27cm）

图 4-2　安宁的心灵（1993）

（钢笔绘图，37cm×27cm）

图 4-3 过分装扮的爱俏女（1993）
（油彩粉笔、水笔、水彩，36cm×26cm）

图 4-4　追随蒙德里安风尚女（1986）

（水粉，87cm×60cm，全幅及头部特写）

图4-5　欢送工农兵上大
　　　　学（1972）
（水粉，106cm×79cm，全
幅及头部特写）

第五篇

有关服饰的著文

　　服饰美术工作者，主要酝酿新产品、新款式的创意，画出图样乃至打出实样来。当实践到一定阶段，理论素质的提升，思辨能力的锻炼，写作习惯的养成，摆上议事日程。从发展观点看，画笔与文笔双管在握，势在必行。对高校教师尤其如此。

　　由浅入深、由易到难是方法，找准题目很关键，这要根据自身条件、特点来进行，坚持下去，必有收获。力求以新的思维、新的视角做新的归纳，以自己独到的见解，争取有所发现。

　　在学术界，对学者水平的判断，往往以论文作为标志。

服装辞条释文 100 选

（1995—2007）

为梅自强院士主编的《纺织辞典》（中国纺织出版社出版）撰稿，兼任服装分支副主编

■ 有关服装、服装设计和服装画的辞条释文

1. 服装

衣着的总称。包覆人体躯干和四肢部位的衣物，如衫、裙、裤、外套等单件或套装。广义服装，还包括鞋、帽、手袋、首饰等配饰品。引申义指人穿着的整体组合状态，即各种衣服和服饰配件以及发型、化妆相互协调的综合。与着装者的身材、容貌、气质、举止等综合在一起，在特定的环境、场合形成完整形象。

2. 时装

时代感和时效性鲜明的新颖服装，是流行思潮在服装上的一种表现形式。广义时装存在三种形态：（1）时髦装，为名师名店名牌显示崭新着装理念的原创设计，属潮流先锋，包括某些旨在艺术探索的实验性作品；（2）时新装，在吸取新潮特点基础上的成衣化再创制，被相当一部分人接受而盛行一时，亦称流行服装，属时装领域主体部分，即狭义时装；（3）时尚装，流行后被保留下来的精华部分加以风格化而再度演绎的新颖服装，亦称风格装。按照中国行业习惯，时装专指女式时装，但随着发展，时装也泛指男女时装。

3. 服装设计

以人为本，依据实用、经济、美观、新颖相结合的原则，创造服装外部形象的造型活动。服装设计因服装类型及风格的不同而各具特色，具体操作分设计构思和设计表达两个环节，涵盖款型设计、结构设计和工艺设计三部分内容。狭义的服装设计，仅指服装款型设计。

4. 服装款型设计

又称服装款式设计、服装造型设计。依据功能用途和形式美原理，着重于服装外观形式的设计。包括主题、廓型、分割、细节及色彩、材质、装饰等。在广义服装设计中属第一设计的款型设计，对未来成品起导向作用。

5. 服装廓型

服装完整的三维空间造型。指服装外沿周边（外形线），又指服装体积的正、侧向的平面

示意图形（外轮廓），亦指隐去细节给人远看的整个服装印象（影像）。依据人体形态结构，凭借设计理念，采用肩、胸、腰、臀主要部位及底边或松或紧、或上或下的组合，以面辅料缝制而成。常以英文字母、几何图形、物态或体态等方法命名，如 H 型、倒梯形、纺锤形、苗条型等等。服装按其轮廓特征，呈现简约或繁复、修长或壮实、硬朗或舒展等外观风格的差异性。

6. 服装分割

又称服装内分割、分割线。为体现服装特定廓型和丰富服装表面形态而设置的各种线形。按特征有直向分割、横向分割、斜向分割、圆弧分割、交错分割和自由分割；按功能分结构分割和装饰分割两大类型。广义服装分割，含领、袖、袋、腰节、肩襻等细节造型线。

7. 服装结构线

又称服装构造线。服装图样上表示服装部件裁剪、缝纫结构变化的线形。是与服装廓型有直接关联的实际缝线，如侧缝线、肩缝线、育克线、公主分割线、省道线等。结构线的设置应力求科学严谨，其位置、长短及形状的计算精确，表现新颖，富有美感。

8. 服装装饰线

衣服上起美化点缀作用的线形。如镶边线、嵌条线、明缉线、细褶线以及面料上原有的和新添的图案线条等。一般与衣服的结构线无直接关联，但也可与其叠合，运用得当，可增添服装艺术性，体现时尚并增加花色。

9. 服装细部

又称服装细节或零部件。使大身造型功能化和丰富化的服装构成部分。包括衣领、衣袖、口袋、门襟、衣摆等部件和压条、搭襻、商标等零配件。细节的选配，既要与服装品类和风格协调，又要体现强化服装设计主题。

10. 服装画

又称时装画。以表现服装主体为目的，融科学、艺术、商业于一体的绘画样式。与服装的设计、生产、销售、推广和欣赏密不可分。按功能可大别成四类：（1）以示意性为特征，直接体现设计师构思设想的服装效果图；（2）以工艺性为特征，指示生产用的服装外形图解，即服装款式图；（3）以宣传性为特征，展示、促销用的服装图样；（4）以艺术性为特征，供人们欣赏用的服装画，包括文学作品的人物画插图。

11. 服装效果图

又称着装效果图。表现服装在人体上穿着效果的一种绘画形式。它侧重于服装造型、结构、色彩与材质的整体展示，也是设计主题与服装风格的艺术表达。以水彩、水粉颜料的彩绘为主，画风有写实、省略、夸张、装饰等。一般画幅不大，操作快速。在规范画法基础上，依据品类特点、个人擅长及特定创作心态，作者自由发挥。既是传达设计意图的手段，又作裁剪制作的形象参照，兼供传媒使用。

12. 服装款式图

又称服装外形图、平面结构图。用线条表现服装单品款式外形的绘画形式。以平摊式或吊挂式的正面图、背面图绘制。要求廓型比例准确，分割到位；局部细节、前后层次乃至缝制外观表达清晰；线条光洁、精致，可分粗细；必要时加注尺寸规格。服装款式图也可采用2/3角度，或隐身着装画法。必要时加侧面图、局部图。

■ 有关服装设计深入化的辞条释文

13.《服装设计灵感》

服装设计由于受某事物（或现象）的启迪而激发的一种创造性思路。它既是活跃的思维活动，又是复杂的心理活动，具有突然性、短暂性、偶发性、模糊性、独创性等特征。服装设计灵感可能来自服装名师名作、历代服饰和时装新潮、社会生活和国内外大事、姊妹艺术和娱乐天地的启发，来自新产品、新材料、新设备等科技进步的影响，以及来自包括动物、植物、天体、气象等在内的自然界的启迪等。设计师通过阅读、旅行、健身、收藏等个人爱好，可以开阔视野，获取更多的灵感。灵感一旦闪现，通常应及时以图形或文字记录下来，留储备用，或直接使之升华，设计成服装草图。

14.《服装设计思维》

又称服装创造思维或服装创新思维。设计服装时在表象、概念的基础上进行分析、综合、判断、推理等认识活动及过程。是形象（灵感）思维和抽象（逻辑）思维的交叉运作，其本质在于创造。服装设计主要运用聚敛性思维和开放性思维。前者属常规思维，对原有服款进行局部修改的翻新改良，具有传统性和保守性，适于制服设计、大众成衣设计或用于前卫服装设计后期的深化与完善。后者属非常规思维，多向扩散，拓展理念，使服装具有超前性乃至颠覆性的特点，适宜于高级手工定制时装、新潮时装和艺术展示服装的设计。

15.《服装设计主题》

突出服装创作意图和产品风格特质的核心思想。从原始素材中提炼特定的设计主题，或主题明确后寻找相应的灵感源，塑造服装形象，以唤起联想，传递情趣，增强产品吸引力。自20世纪70年代起，设计主题已成为服装流行的主导因素。服装流行的热门主题如：回归自然与生态环保，怀旧与复古，社会名流服饰，女性魅力、男士风范及其多侧面性格，职业风采与都市情怀，运动与旅游，超时空和科幻意识，异域情调与民俗风情等。服装具体标题，往往有感而发，因人而异，以即兴命名居多。

16.《服装风格》

服装在其内容和形式要素中所表现出的思想和艺术特点。以综合性归纳或个别性表述服装风格。在区分时代风格、民族风格、地域风格的同时，20世纪为种种服装推出四大基本风格，即：古典风格、休闲风格、梦幻风格和民俗风格。它们相互交替融合，可增生、派生出其他风格。也可以按文化群体、艺术流派或名师名品名店来命名服装风格，如吉卜赛风格、哥特风格、罗可可风格、夏奈尔风格、嬉皮士风格、简约风格、露腰风格等等。

17. 服装设计手法

构成服装款型所采用的设计手段、表现方法和艺术技巧。大体上有：（1）服装造型手法，如夸张、展扩、增量、减量、垫肩、垫衬、开刀、收腰等；（2）细节处理手法，如对称、均衡、添加、简略、绣饰、镂空等；（3）面料运用手法，如缠绕、叠加、透叠、褶裥、立体裁剪、裁向变化、对格拼花、异料镶拼等；（4）色彩组合手法，如对比、调和、间隔、素色与花色搭配等；（5）主题展示手法，如模拟、具象、象征、联想等；（6）风格表现手法，如女性化、男性化、传统、前卫等。

18. 服装仿生设计

创造性地模拟生态造型的服装设计方法。借助艺术想象和联想，采用外形、结构、色彩、肌质或神态等仿生手法，结合现代生活方式和审美情趣，应用于服装的廓型结构或细部纹饰，色质类比或着装形态，生趣盎然，多姿多彩，体现着人与自然的沟通，是服装环保主题的最佳表现形式之一。如鱼尾裙、蝙蝠衫、袋鼠装、豹纹服和花瓣领、羊腿袖及自然纹图案等。仿生不是仿真，贵在神似与意会，力戒神话剧里的戏装模式。

19. 服装借鉴设计

根据类比原理将艺术领域的素材，脱胎变形，创造性地移植于服装的设计方法。从古今中外的建筑、雕塑、绘画、工艺美术、音乐、舞蹈、戏剧和影视作品丰富、独特的形象，实现功能、材质、工艺诸多方面质的转化，赋予服装以抒情性和艺术感染力。如著名的伊夫·圣洛朗蒙德里安针织衫和梵·高系列装，帕克·拉邦纳的城堡式大衣，以及借鉴于彩陶、青花瓷、剪纸、紫禁城进行探索设计的众多中国风服装作品。

20. 服装逆反设计

又称反常规设计或反对法服装设计。在反潮流意念下以逆向思维发展的思路，使服装独具一格的设计方法。逆反设计主要有：（1）服装的前后倒置、上下移位，长短、方圆、中心与周边、分散与集中等形体变异；（2）女装男穿、男装女穿的性别错位；（3）童装追求成人化、女士时尚娃娃衫的年龄组别异化；（4）夏衣冬穿的季节颠倒和内衣外穿的错层；（5）新衣作旧、旧衣新穿的品位置换；（6）中与外、古与今的服装风格逆向转移等。服装逆反设计看似怪诞，实具前瞻性，把握恰当能获得预料不及的创意效果，也符合市场潜在需求。

21. 服装复合设计

将两种或多种不同类服装的形态、功能特点相联、集成的创新设计方法。大体有：（1）衣服细节复合，如母子袋、多层叠领；（2）细节与配件复合，如披巾领、兜帽领；（3）衣服与配件复合，如连帽衫、连裤袜；（4）上下装复合，如连衣裤、背心裙；（5）不同用途服装复合，如便服西装、衬衫式夹克；（6）不同时代、地域服装复合，在时空纵横和多元磨合中推出的古式时装、民俗风时装、中西合璧时装，给人以全新感受。

22. 服装功能设计

服装实现其功能的合理性、有效性、独特性、多用性的设计方法。包括恰当用料和巧妙构思两方面。将服装功能和外形相结合，使之护体、适体、方便、安全和美观。如：（1）夏装注重凉爽透气的设计,以体现其防暑功能;(2)多件组合式套装设计,可供穿着者灵活更换,提升对环境场合的适应功能;(3)工作服衣袖、裤腿的组装式结构设计,利于增强其安全功能;(4)近年来服装更趋于轻软、富有弹性、舒适和易护理等综合功能的设计以及各种高科技功能型服装的开发。

23. 服装定位设计

服装以特定消费群体为目标市场的设计方法。主要指消费者的性别、年龄段定位、阶层定位和消费水平定位,从而决定成衣的品牌定位、风格定位、价格定位、产品结构定位。从其产销角度看也是生产安排方式和销售组织手段,可引申出区域定位、规模定位、服务定位和辐射定位等企业策划项目。服装定位设计具有专业性,要深入调研,了解消费心理,预测消费需求,找准市场细分,确保市场份额。

■ 有关服装材料特点的辞条释文

24. 布料服装

简称布服装。用植物纤维织物制作的服装大类。全棉类、全麻类和棉/麻混纺类服装。大多无里子和胸衬的单衣,实用、舒适、易洗涤和保管。品种花色多,占日常服、休闲服和工作服的首位。有内衣裤、衬衫、T恤、罩衫、睡衣、春秋时装、牛仔装以及棉布面料的冬装等。麻布(苎麻、亚麻)服装吸湿性好、易散热,具有时髦的折痕效果,适于春夏男女衬衫、裤子、连衣裙和套装。20世纪末流行纯棉高支服装、纯棉免烫服装。

25. 丝绸服装

用各种丝绸材料制作的服装大类。主要有:薄型、中薄型丝绸做的女裙、连衣裙和男女衬衫、围巾;透明类或光泽型丝绸做的晚礼服和婚纱;中厚型丝绸面料做的男女春秋装和冬装,如夹克衫、套装、风衣和外套,以及丝绸针织面料做的内衣裤等。丝绸服装属高档次高品位的服装,飘逸、华美,穿着效果优异,款式、色彩、材质的流行性强,且有洁肤、健美等生理保健功能。在使用时尽可能避免日晒,即时洗涤,洗后烫平。轻薄真丝绸衣长期挂放会走样,浅色绸衣遇防蛀防霉片剂会发黄,因此对保管要求较高。

26. 毛呢服装

又称呢绒服装。采用各类动物毛为原料的织物制作的服装大类。属服装中的高档品,品种类型多。中薄型精纺毛呢服装,通过归拔推的熨烫和手工针缝等工艺进行服装造型,平整光挺,保型性优异,品种有春秋时令的西服、套装、西裤、夹大衣、夹克衫等。中厚型粗纺毛呢服装,手感柔软、丰满、保暖性好,品种有秋冬季的西装、套装、夹克衫、长外套、大衣等。20世纪末流行的高支精纺的超薄型毛衣,和质轻手感优异的羊绒大衣,属时装顶级精品。

27. 化纤服装

采用化学纤维面料制作的服装大类。如各种时装、休闲服、职业服和特种功能服装。具有色泽鲜艳、不易褪色,不易起皱变形,耐洗、易干、免烫,使用寿命长等优点。新一代化纤服装在外观上接近呢绒绸缎，且在一定程度上克服透气性差的缺陷，开始接近于天然纤维面料服装的穿着感觉。随着科技进步，化纤服装还能获得独特的闪光效果。而弹性化纤服装的问世，使时装向表现女性曲线美的方向发展。

28. 梭织服装

又称机织服装。全部或主要采用梭织面料制成的服装。由于梭织物的织纹变化复杂，结构稳定，不易脱散、起球和卷边，制成的服装外观平挺、耐穿。服装的廓体造型变化多，其结构设计既可简约也可繁复，开刀手法、装饰工艺使用灵便。用途广泛，从宽松内衣裤到外衣、外套、夹衣、棉衣及春夏秋冬各季服装，尤其适宜制作各类外衣和制服。

29. 编织服装

采用横机或手工艺编织成衣衣片，再经缝合而成的服装。源于17世纪擅织渔网的爱尔兰渔民用粗毛线编织的厚羊毛衫。与其他服装相比，透气、柔软、舒适，便于折叠放置而不起皱褶。材质构成多样，色彩绚丽多姿，纹理起伏有致，纹饰韵味独具，深得爱美女性喜爱。品种以各式毛衣为主，如花色套衫、开衫、背心、女套装，并逐渐构成由内衣、泳装、晚礼服以及配套用帽、手套、提包等完整系列。风格或经典或华丽或休闲或民俗，也是我国民间工艺美术的独特门类之一。

30. 服装材质组合

单品或成套服装的面料在其质地上的选配。既为完善服装的结构和体现功能所必需，又是表现服装美的手法之一。有三种组合形式：（1）材质单一组合，即同料组合，选材方便，服装情调简练、单纯，常用于正统西服、制服和绝大多数的单件衣服。（2）材质近似组合，两种或多种材质之间存在微细差异，能缓解衣着的过分严谨感而增添自然韵味，常用于便装、休闲装、组合套装或镶拼服装。（3）材质对比组合，通过并置或重叠，形成粗细、厚薄、轻重、光糙、松密等视触感的对比度，反差明显，在其比例、层次或色彩上巧妙调节，使服装新意盎然，受人注目。

■ 有关服装色彩的辞条释文

31. 色彩性格

色彩在其物理性质前提下能使人的生理感觉获得某种联想的个性特点。主要有：（1）寒与暖。色相环上以天蓝色为代表属冷色系，以橙色为代表属暖色系，其相邻色归属不同寒暖程度。（2）进与退。红、橙、黄和白为前进色，显得近；蓝、紫和黑色为后退色，显得远。（3）胀与缩。高明度、高纯度和暖色调具有膨胀和变大的感觉，反之呈收缩感。（4）轻与重。明度越高，色感越轻，在同明度下纯度越高，明度越轻，反之越重。（5）硬与软。纯度越高，明度越低，色彩越具硬感，反之具有软感。（6）兴奋与沉静。色彩的明度、纯度越高，就越具兴奋感和力度感；明度和纯度越低，色彩越宁静，具安定感。

32. 色彩情调

色彩及色调在人的心理、审美感受所表现出来的各种不同感情的性质。由于受到人的生活经历、教育、情绪以及民族、历史、宗教等因素的制约，会带来色彩感情效果的不确定性和多变性，但就其共同倾向而言：白——明快、洁净、纯真、朴实；黑——严肃、稳健、随和、压抑；灰——温和、舒适、含蓄、单调；红——热烈、吉庆、喜悦、温暖；黄——阳光、温馨、华丽、尊贵；绿——和平、宁静、清新、自然；青——智慧、青春、寒冷、诱惑；蓝——深沉、稳重、朴素、忧郁；紫——高贵、庄重、优雅、神秘；褐色——谦逊、质朴、刚劲、强健；光泽色——辉煌、珍贵、时髦和有科技感。当色彩与特定的形象、材质相融合时，色彩情调就转化为一种表现力和感染力，进入艺术美的设计意境。

33.服装配色手法

使单件、套装色彩取得协调美的设计手段、方法。主要有：（1）统一手法，除服装单一色彩外，多色配搭中以某色为主色，或在多色中均含某种共同因素而达到统调效果；（2）对比手法，上下装或内外衣选配强对比色彩，通过对其面积、比例的调节，或配件色彩的过渡而取得整体华丽的效果；（3）镶嵌手法，在多色配搭中如果色性反差过大或过于接近，则采用黑、白、灰或金银色的镶边、嵌条加以隔离，使之清新协调；（4）分块手法，多色组配过于刺目，则可采用几何小色块的分割或彩条彩格的介入而协调化，平添层次感、渐次感；（5）点缀手法，在服装最引人注目的部位配置强调色，在大面积色调无变化情况下活跃气氛，使之与众不同；（6）呼应手法，将服装某个部位出现的色彩，配置到其他部位，使之相互关联，从而增强整体美感。

34.服装流行色

服装上随时间推移而变换、盛行的色彩、色组或搭配形式。也指传播女装、男装、皮装等按年度、季节区分的色彩趋势，含流行色主题、印象、样卡及色调组合等。参照国际权威机构发布的流行色，服装按其款型、材质、用途及风格灵活选配，使流行色应用与服装设计有机结合，从色彩方面来丰富艺术联想、刺激消费和提升文化附加值，具有积极意义。但不同国别地区的共性色与个性色，预测流行色与实际采用色之间存在差异或时间相对性。因此，宜积极探索应用方法而不宜机械照搬或盲目超前。

■ 有关服装纹样及工艺的辞条释文

35.服饰图案

服装造型设计的要素之一。服装上的纹样装饰。起点缀、衬托、对比、协调作用，以丰富服装的艺术品位并使之多样化。狭义专指为特定服装而设计、制作的图案。选用刺绣、贴补、蜡染、印花、绗缝或镂空等工艺，依据设计构思以单独或连续形式构成相应花纹，装饰于领、胸、肩、腰、摆、后背的某部位，虚实互衬，突出焦点，凸现服饰效果。广义包括：创造性地运用花色面料的原有图纹；平素面料通过缝制产生起伏有致的纹饰；衣服与附件搭配而形成的组合图案变化。

36.服装印花

又称成衣印花。指采用染料（或颜料）施印花纹的服饰。工艺以平版筛网印花为主，有直接印、防印、拔印、喷雾印、发泡印、植绒印、烫印等多种印花方法。图纹位置和大小可自由选定，一般以独立花型为主，边饰纹为辅。配色类型变化尤多，适于各种运动衫、T恤、广告衫、童衫以及成组演出服装的小批量生产。

37. 服装手绘

直接用毛笔蘸取染料、颜料（或其他材料）手工绘制的服饰纹样。古称画缋，历史悠久。题材内容广泛，技法多变，流派纷呈，艺术表现力和感染力强，而且适于不同质地的面料。手绘服装具有创意性、产品独一无二、附加值高。如：单体晚礼服或演唱服采用手绘、装饰效果出众；衬衫、T恤、圆领衫乃至雨衣，应用手绘卡通人物、纪念标识、抽象图案……深受青少年青睐。

38. 服装蜡染

画蜡防染形成自然冰纹的服饰工艺。以铜蜡刀（或毛笔）蘸取熔蜡将纹样反描，待蜡凝固用手工折裂，加染后脱蜡清洗。染液渗透封蜡龟裂隙缝所得冰纹，精巧连贯，极富艺术魅力。蜡染分素色和彩色两种，取材及技法随服品种和时尚而变异，常见于T恤、圆领衫、连衣裙和不同材质的套装，以及领带、围巾等配饰。

39. 服装扎染

扎结防染形成自然色晕的服饰工艺。操作技法多样，以线绳缝扎、捆扎、叠扎或将起防染作用的果壳、硬币等盖缚于上，加染后松束，摊平晾干，一次染成的为单色，反复扎结多次染色的为复色，所得饰纹妙趣天成，在细薄材料上效果尤佳。但扎染存在局限性，服装纹饰的远效果易雷同。

40. 服装刺绣

用线材穿刺绣纹的服饰工艺。分手绣和机绣两种。按针法分，有平绣、十字绣、网绣、盘绣、辫绣、抽绣；按材质和品种分，有珠绣、绒绣、贴布绣、印绣结合等。传统服款和古装戏衣的刺绣以民族图案为基调，新潮服装则以现代图案见长。一般采用真丝双绉、涤乔、软缎、苎麻布等面料，用于高级睡衣、睡袍、晚礼服、演出服、时装裙套和童装，领带、围巾、乃至羊毛衫、皮装等服装与服饰。

41. 服装贴花

又称服装贴补、补缀。将布块（或皮革散料）剪形，加以粘贴、缝缀而成的服饰工艺。有平贴、垫贴和雕贴三种，图形完整、轮廓光洁、简练，以抽象纹和文字符号居多，装饰效果鲜明突出，呈现一定的浮雕感，兼具加固和定形作用。常用于童装、休闲服、编织衫、家用围裙和时装包袋，也用于特殊的高级时装。

42. 服装镂空

局部留空、挖空或使穿后露空，形成通透效果的服饰工艺。镂空服装既可使衣着凉爽、透气，又可使人体肌肤与内外衣之间色质互映，与性感服装的直接暴露相比，效果含蓄、雅致。春秋装的镂空以领面居多，小块面挖孔形成的装饰纹具有凹雕感。新潮时装的镂空部位无定式，面积趋大，或分布均匀的小花点，俗称洞洞装，受青少年青睐。

■ 有关服饰配件的辞条释文

43. 服装配件

又称衣着附件、服装附属品。从属或附着于服装主体的搭配用品。从鞋子、袜品、帽子、围巾、领带、腰带、眼镜、首饰、各式包袋、伞具、手套、手表乃至手机等。绝大多数系随身实用物，因其造型、色彩和材质而被赋予装饰含义，成为时尚的重要组成部分。以伴、衬、补、联等艺术手法配搭服装，使全身着装风格整体多样统一，新颖别致。

44. 鞋

穿在脚上、走路时着地之物。左右脚配穿，主要用作外穿。按商业习惯分皮鞋、布鞋、胶鞋和编结鞋四大类型。由鞋头、帮面、鞋底、鞋跟和辅配件（不一定全有）所组成。采用缝制工艺或模制工艺。按鞋头分，有露趾鞋、尖头鞋、方头鞋、圆头鞋和翘头鞋。按帮面分，有拖鞋、凉鞋、低帮鞋、中帮鞋和靴腰鞋。就其鞋跟，就有平、低、坡、高、超高几种。按其鞋底，则有软底、硬底、厚底、薄底几种，还有平整底面和起伏高低底面的区别。随着人的活动领域和生活质量的提高，出现诸如正装鞋、休闲鞋、旅游鞋、健身运动鞋，日趋时装化，并向多品种、花色和号型方向发展。

45. 帽

罩套在头上防护或装饰用的服装配件。由帽盖、帽檐、帽舌、配饰及帽内衬等部分（不一定全有）所组成。材质以毛呢、软毡、棉麻、绸缎居多，也有皮革、麦秆、藤条以及硬塑和金属。相应采用缝制、包缠、编结，模制或模压，单个或组合工艺制作。帽子有软质帽、硬质帽和硬圈软质帽三大类，分钟型、筒型和盆型三种基本造型。按其功能用途：如风帽、雨帽、遮阳帽、护耳帽的生活实用；如婚纱帽、学士帽、大礼帽的礼仪用；如军警帽、航空帽、安全帽的职业用；如各式时装帽的装饰用。

46. 包袋

又称手袋、提包。服装配件之一。外出时放置随身用品的囊状物或箱状物。按造型分，有手携式、手提式、肩背式和走轮式。按形态分，有柔性软质包、硬框软箱包和硬质包三类。以各种纺织品（如涂塑帆布、牛津布、灯芯绒、尼龙绸、花色绸缎等）、皮革、塑料、金银丝、串珠为主材，可加衬里，缀拉链及扣环等配件，并饰以镶边、褶裥、花结、刺绣、印花或烫画。代表性品种有钱包、化妆包、旅行包、运动包、公文包、书包、时装包以及购物包袋等。

47. 围巾

又称头围巾、方巾。正方或长方形的片状物（少量三角形，称三角巾）。用于包头、围颈、披肩乃至束腰的服装配件。采用丝、毛、棉等天然纤维或化纤仿丝绸织物为主材，有素色、彩条格和印花等常见品种。印花头围巾的花色变化多而快，表现技法、配色类型不拘一格，多取材于花草、几何、兽纹、风景和人像，由单独、边饰和1/4转接等图案构成。使用时因折结方法不同，带来造型和褶纹的多种变化。也有裘皮巾和绒线编结的工艺围巾。

48. 领带

服装配件之一。正面打结、主体呈带状物的颈饰品。通常戴在衬衫领下与西装配穿，是西式装束的男性象征。20世纪下半叶，受女士们的青睐。领带面料选用丝、毛、化纤或皮革等挺括材料，而以柔软型细毛织物作里衬，制作工艺要求高。可分为三类。（1）传统型，尺寸规范，大领前端呈90°箭头形，单色或斜条带小花点图案，可配领带夹，适于西服正装。（2）新潮型，形式短宽，色彩艳丽，往往饰以立狮、马具、恐龙、足球、名画、名人头像的醒目图案。使用时松结呈随意状，适于休闲娱乐装束。（3）变体型，选料别出心裁，有线环、缎带、皮条、片状或围巾状多种式样，在特殊场合偶尔使用。

49. 腰带

又称束带。束腰系住裙、裤，或固定衣服开口部位用的服装配件。在艺术造型和体型修饰方面可作为一种腰饰。材料以皮质为多，也有布料、塑料或金属。分卡头式、搭扣式、系扎式、收带式、半连衣式等多种结构形式。扎法可紧可松，齐腰或低腰。织物腰带以帆布、绸缎、线带、编结带、毡呢等为主材，形色质及图纹各异。软材阔料在束腰时还呈现自然褶饰，效果别具情趣。

■ 有关服装门类

50. 女装

成年女子穿用的服装。代表性品种有：连衣裙、裙、裤、晚礼服、套装、衬衫、整型内衣，以及手提包、女帽、女鞋等。女装设计以胸、肩、臀、腹为重点，体现女性的形体线条。外形以曲线为主，圆头三角形、方形为辅；公主线分割尤显女性风采。立体裁剪使用广泛，款式纷繁，用色用料丰富，更注意整体配套、艺术形象处理和个性展露。总体侧重于纤巧、优雅、温婉、柔美的软风格设计。

51. 男装

成年男子穿的服装。代表性品种有：衬衫、T恤衫、西装、西裤、夹克衫、猎装、风雨衣、羊毛衫、领带等。19世纪末，男装开始采用机器批量生产，式样趋向标准化，每年变化不显著，较少华丽感和繁复设计，较多考虑做工和面料的精致及着装的舒适性，侧重于庄重、大方、潇洒的阳刚之美。外形以倒梯形和方形轮廓为主，平缓曲线为辅。面料以平素、半平素织物居多，色彩以低调的自然色彩为主，图纹则以小型几何条格为典型。

52. 中性装

又称复性装、无性装。超越性别局限、男女通用着装之总称。主要指牛仔裤、高领套头衫、拉链夹克衫、圆领衫、迷彩服、狩猎装等实用休闲便装。随着社会角色的淡化和价值观的趋同，男女在服装用料和着装方式上趋向中性化，如商界上层职业女性穿全身西装和衬衫，进出提公文包等。婴儿服装、劳动服装和特种功能服装，按其本质无性别差异，亦属中性服装范畴。中性装束有望成为服装新潮流之一。

53. 婴儿服

适于周岁以内小孩的服装。代表性品种有：中国传统宝宝衫（无领、斜襟、连袖、毛边、扁平带系结）、斜襟连裤衫、睡裙式单衣、田鸡装、睡袋、斗篷和围嘴、儿帽、鞋、袜等。初生婴皮肤细嫩，抵抗力弱，服装款型宽松，无领，胸围和袖口大，前身盖过肚脐，后身可稍短，以防尿湿。裁剪简洁、平整，衣接缝宜少且应朝外。不用或少用钮扣，可系带。用料特柔软，夏令吸湿，冬令保暖，符合卫生标准，以纯棉布、薄绒布、针织平布为主，忌用化纤布做内衣裤。以白色或浅淡色为主调，单色或印有散点小花纹。

54. 幼儿装

又称幼童装、学龄前童装。2～6岁小孩的服装。为适应此年龄段大脑袋、挺肚、无胸腰差的体型特点和活泼好动、爱游戏的习性，上衣以梯形有褶或无褶的宽松式为主，通过一定的分割使款式多样，前开襟并将纽扣配置在前身以便儿童穿脱自理。适宜穿背带裙、裤或松紧腰的满裆裤。着装注重大色块效果，点缀符合幼儿心理特征的如小花小草、卡通人物、动物的贴花或刺绣纹样，以增加天真可爱的稚气并利于开发智力。在款型、颜色和花纹上男女幼童应有所区别。国际服装界越来越重视童装的安全性和相关的技术标准。

55. 学童装

又称学龄儿童服装。7～12岁孩子穿的服装。款型具有运动服的风格特点，以宽松的正梯形或长方形居多，半紧身吸腰形为辅，缉明线，适当运用拼接、贴袋与滚边，突出活泼与新颖感。男童短裤不宜长，女童裙齐膝或超短，裙摆较大，显得活力有朝气。面料的透气性要好，易洗涤，缝制结实。色彩多样，以简洁明快为宜，不可过于花哨刺目。为适应学习和课外活动需求，按功能可分学生服、体操服、劳动服、家庭服和节日服，通常以组合装形式加以配搭应用，如短袖衫配短裤（或裙），中长西装套装，马甲两件套，西背心、外套上衣和长裤以及轻便夹克、牛仔裤（裙）和仿裘皮大衣等。

56. 少年装

13～17岁的少男少女服装。介于儿童与青年过渡期的着装。既要舒适、合体，方便学习与活动，流露少年活泼、健康、纯真、浪漫的心态，又要显示一定程度的成人感，以体现少年发育成长与个性特征开始形成的特点。通常以学生装、休闲服、牛仔服的穿着最为普遍。用料以棉布或化纤织物为主，款式追求新异，但结构趋于简练，采用时尚配件的整体搭配来突出学生气质并表现自我。

57. 青年装

18～35岁的男女穿用的服装总称。青年重视自身的个性展露，偏爱牛仔装和运动休闲服；新潮时装往往是青年涉猎领域。男青年装较多通过面料和领、袋、襟等局部细节和大身比例变化表现朝气和时尚。女青年装的外形和局部变化更加丰富，装饰手法多样，强调对比和谐，适度地显示体型曲线和肌肤美感。上班用服外形端庄、方便活动，赋予青春感而较少严肃味，休闲用服线条明快，色彩充满动感，透出强烈个性。青年装格调清新，崇尚自然韵味，忌娇艳、炫耀和做作。

58. 中年装

适合36～60岁男女穿着的服装总称。代表性品种有传统套装、长裙、礼服连衣裙、连衣裙配长外套；男西装、风衣、夹克衫、中山装、衬衫和领带等。中年男女重视与身份经历、经济条件相符的衣着，较喜爱古典风的形象特征。中年男装讲究面料与做工，形象潇洒或持重，体现其成熟和相应的文化品位。中年女装讲究干练而不失温婉，或趋向优雅华丽，但不宜过于夸张、暴露与花俏；或趋向简洁严谨，表现成熟而又时尚的美。中年装不擅长标新立异，难免有时显得老套。

59. 老年装

适合 60 岁以上年龄段男女穿用的服装。服装注重保暖与保健，款式宽松以便于老人穿脱，材质以天然纤维织物为主，要求轻软、舒适。老年群体的体态复杂，故尺码号型宜齐全。体态偏胖者和特殊体型者占相当比例，适宜量体定制，并注重着装对体型的修饰调整作用。服装品种花色因老人类型的不同而各有侧重；总的要求着装大方、整洁，时新和得体，以体现稳重、高雅为主旋律的老人气质。随着改革开放进程，老年着装出现向年轻人靠拢的新趋向。

60. 春装

每年立春开始穿用，适于 10 ~ 22℃气温的男女服装。代表性品种有薄型毛呢西服及套装、夹克衫、春秋衫、风衣、毛衫、男女衬衫、领带和纱围巾等。设计范围广、品种花色多，以室内外的轻便服装为主体，款型短简、精巧的居多，色彩俏丽、倾向鲜嫩和清新。多层次的配穿方式特别适合春天气候的反复多变。

61. 夏装

每年立夏开始穿用，适于 22℃以上气温的男女服装。代表性品种有短袖衫、T 恤、短裙、短裤、吊带连衣裙配短披肩、马甲式套装、高支超薄型西装以及凉拖鞋、遮阳帽、太阳眼镜等。以防暑隔热为其机能特点，选材以天然纤维面料为主，质地轻薄、透气性强。款型较敞露和略为宽松、细节简练、装饰不刻意雕琢、单层制作或透明多层。配色粉彩柔和，以白色和浅色配搭居多，给人以清新凉爽感。

62. 秋装

每年立秋开始穿用，适于 10 ~ 22℃气温的男女服装。代表性品种有：春秋衫、薄绒衫、风衣、秋大衣、呢绒套装、高领套头衫、长围巾和鞋靴等。习惯上与春装互通，但秋季略带凉意，大多选用有温暖感的衣料，如灯芯绒、法兰绒、桃皮绒等天然纤维或化纤混纺织物。服色以黄褐、土黄、土红、橄榄绿等偏浓偏暗的色彩为主，体现秋的风雅。深秋服装更注重保暖性，并向冬装开始靠拢。

63. 冬装

每年立冬开始穿用，适于 10℃以下气温的男女服装。代表性品种有毛呢长裙、长裤、毛里夹克衫、风雪大衣、羽绒服、裘皮装、羊毛衫及皮靴、厚围巾和护耳帽等。冬装用料厚实，由两层或两层以上缝制而成，采用封闭式造型和比较稳定的设计处理，以暖色为主、寒色和白色为辅的色彩配搭。因使用寿命长而不宜过分追求时髦色和奇特夸张型，对流行时尚远不及春夏装敏感。随着暖冬的出现和新型保暖材料的推出，冬装有逐渐轻薄化的趋向。

64. 四季装

春夏秋冬皆可穿用的服装总称。通常指内衣内裤、衬衫、轻薄型外衣和拆卸式外套等。通过内层、中间层和外层着装的合理灵活配搭，与四季温差相适应。随着新型保温、调温纤维面料的问世以及空调设备的普及，适宜各个季节穿着或不受季节影响的高性能生活服装、密封式功能型工作服装，渐趋增多。

65. 劳保服

又称劳防服或作业服、工装。体力劳动者在工作时间穿着的服装。如矿工服、炼钢服、建工服、电工服、养路工服、搬运工服、纺织女工服等。为提高工效和劳动安全，服装造型结构应便于劳动时身体的屈伸运动，并注意身体各重要部位的防护，较多采用功能设计手法，如衣摆、袖口、裤口的紧缩或可调节，长袖、裤管的可拆卸，重点部位的加层、封闭或局部密封，以及科学用色、用料等。常见式样除工作衬衣、上衣、背心、围身外，主要有夹克衫和长裤组成的作业服套装，衫裤相连的整身装，和外罩大衣或披肩。根据工作环境灵活搭配安全帽或防护面罩、劳动鞋、靴以及手套等附件。

66. 办公服

国家公务员或企事业办事人员、管理人员和专业技术人员办公时穿用的服装。面料厚薄及档次适中，款型简练、整体明快，便于工作，适合环境，体现职务身份和企业形象。通常，男士穿西服或西便服，女士穿职业套装或连衣裙，配搭附件，穿着较灵活，容许适度的个性表现。行政主管的着装，则较为庄重，面料与做工考究，档次上升一级。面对大众或形象保守的行业，着装较为正统，而高科技从业（如电脑业）人员，则不受传统束缚，穿着轻松、自在的便服上班，以减轻工作压力，营造良好的工作氛围。国外推行周五自由着装日，更受青年职工的欢迎。

67. 礼仪服

在隆重社交场合或参加重大礼仪活动时穿着的服装。其共同特点是优雅、华贵、庄重并具正统感。要求选料高档（或中档）、做工精致、着装配饰，形象完整，男女互衬：男式注重机能性和体现阳刚气；女式穿出装饰性和表现阴柔美。由于民族、历史传统不同，各国各地域礼仪服的款式、色彩、面料材质等有差异。按欧美习俗，分一般礼服和社交礼服两种。一般礼服包括结婚礼服、丧礼服等。社交礼服按其庄重程度又可分正式礼服和半正式礼服；而按穿着时间，则可分为日间礼服和晚礼服。中国礼服演变至今，呈现多元并存态势。中式传统型以中式袄衫与长裙或长袍与马褂相搭配。中西式现代型以旗袍与头饰或中山装与西长裤、礼帽、皮鞋相配套。为适应现代生活需要，近年来礼服出现了某些简化趋势。

68. 日常生活服

平时或一般性外出时穿着的服装。以简朴、轻便、舒适、多样、时尚为其特点。通常以棉、麻或松软透气的化纤或混纺面料为主，结构较简单，主色调明确，较为雅致的居多。有套装、连衣裙、西便服、衬衫、裤、裙等。根据需要，常组合成各种套装。裙、裤、夹克衫、短外衣为基本组成部分，衬衫、背心为经常变换部分，而大衣、外套为适应季节需要的套装稳定部分。

69. 休闲服

又称闲暇服。休息清闲时的衣着总称。以轻松、舒适、随意、自然、时尚为特点。室内休闲服包括睡衣裤、睡裙、睡袍和浴衣。室外休闲服占很大比重，包括T恤、夹克衫、宽松西服、宽松裤、登山裤、滑雪衫、羊毛套衫和轻便健身鞋等。面料以外观新颖、感觉舒适、耐穿易整理的为佳，如全棉卡其、斜纹布、薄型牛仔布、格绒、灯芯绒、砂洗丝绸、针织物和印花织物等。按风格流派大体分：（1）体育休闲服，以运动型衣裤或针织服饰为主，多色镶拼，给人以健身与活力感，适应面广；（2）浪漫休闲服，宽松与紧身短小并举，随意温馨或热烈奔放、或安静从容，适于都市青年参观、游乐悠闲用；（3）郊外休闲服，款式宽大舒展，面料粗犷，采用民间图案和大自然色彩，散发田园气息，适于度假和乡村游乐。

70. 运动服

从事体育活动时穿着的服装总称。其设计应体现适体、健美、时尚等要求。一般分职业运动服和业余运动服两大类。按体育项目种类分，有各种田径服、泳装、体操服、骑技服、球服、赛车服、武术服和极限运动服等；按着装场合及对象，有比赛服、训练服、教练服、裁判服、入场服等。根据各自运动特点和传统习惯进行设计和变化。特种运动服应具有更多的防护功能，如击剑服由金属衣、面罩、袖套、手套等组成，并与电信号装置相连接。

71. 体操服

体操运动员所穿的专用服装。体操运动有很高的技艺性和娱乐观赏性，故服装既要适体、贴身、突出体型美，又要保证动作舒展。男体操服常采用背心和健美裤的组合；女体操服为上衣和三角裤的连体紧身式，上衣有长袖、短袖或无袖之分，挖圈无领，细节常变化，前身不能透明或开孔，不允许有闪光片等装饰。通常以色彩调整体型，以背景色的对比来衬托运动员的身姿。面料采用轻薄、柔软的弹性纤维针织物，经含氟和非离子型整理剂处理后可增强对伸缩抗力的适应性，有助于体操的伸展活动，使之在弯腰时不受衣服的牵制。

72. 海滩装

又称沙滩装。浴场日光浴或海滨度假用的着装。款型简洁、自然、富有青春活力。通常有海滩三件套，即比基尼泳衣、海滩外套和海滩衬衫，也可随意选配组合，包括泳装、超短裙、裙裤、沙滩裤、吊带连衣裙、太阳装、纱笼裙、浴袍、宽松式袍裙、披肩以及遮阳帽、沙滩鞋、太阳镜等。海滩装选用柔软、吸汗、易洗的布料，如针织布、毛巾布、斜纹布、网眼布等，色彩鲜艳明快，较多以条格、花草或海洋景观的纹样装饰，粗壮富有奔放感。

73. 演出服

又称舞台服装。舞台或其他演出场所穿着的表演性服装。类型极其广泛，有歌唱、演奏、舞蹈、戏剧、曲艺、杂技、魔术服装以及影视等服装。共同特点是：（1）具有艺术典型性，重视整体搭配和完整的外部形象设计；（2）造型结构便于演员表演动作的完成，较多讲究远距离观赏的服饰大效果；（3）用料既可高档精品，也可找代用品或通过绘画等手段的仿制品；（4）适应演出环境和光照氛围，把握照明对着装色彩的变化规律；（5）尊重观众欣赏习惯或剧种风格，注意民族民间特色的传承与发展。广义演出服，包括狂欢节服装、化装舞会服、大型团体表演服和时装艺术展示服等。

■ 有关服装单品的辞条释文

74. 衬衫

穿在西服套装内作内衣外，兼具内外衣要素的单短上衣。是需求量极大的服装类别。其结构由衣身、领、袖、门襟和口袋等组成，有的在细部还有育克、摆形、克夫、肩袢、开衩等变化，加上面料、色彩的运用，品种日趋多样化。通常衬衫的衣身宽松，或略为收腰，以前开襟为主。领型分立翻领、立领、翻领和无领，其领尖呈圆、方、尖、有扣或别针等变化，而女衬衫有西装领、青果领、铜盆领、双层领、海军领和各式无领。按摆形分，有平、圆、前高后低、两侧开衩和两用式等。按袖型分有长袖、短袖、而女式衬衫还有中袖和无袖。按用途及款式，大体上可分三类：（1）礼服衬衫，用料和做工考究，款型正统或具民族风格；（2）日常衬衫，又分西服衬衫和外穿衬衫两种，前者可配领带或领结，后者衣身加长，口袋增大，用料新颖多变，缉明线或其他装饰；（3）时装衬衫，富有军旅风格、民俗风情或运动格调，用绣花或手绘工艺装饰，主要为爱美的青年人穿用。

75. 背心

又称马甲。仅有前后衣身的无袖上衣。按制作工艺有缝制（单、夹、棉）型背心、针织背心、编结背心和皮革拼接背心。按造型有宽松、紧腰或直身式，长短在腰、臀间位的居多。背心大体分开襟式、套头式、夹克式、西装式、超短或超长式等。口袋、纽扣、襟形、装饰等作细节变化而形成各种新款。按其穿法有内穿的如汗背心，突出卫生机能；中穿的如西装背心，表现阳刚之气和保暖作用；外穿的如贴身外穿和外衣上面罩穿，明显趋向时尚化。此外，防弹、远红外线、保健等功能型背心相继问世，推广实际生活穿用。

76. 夹克衫

前开襟、不收腰、后背装育克加褶裥、束摆束袖口式样的男女上装。其雏形为18世纪末波兰骑士上装外套，汲取工作服、军制服、运动装的细节要素，发展至今已成为类型多、用途广的服装大类。造型有短及腰际的较贴体，更显利索；有长及臀围的较宽松，腰部束带，趋向休闲。夹克衫的衣身分割自由灵活，男式以直折线、女式以曲线剪缉居多，领、袖、袋形变化随意，前襟一般装拉链或四合扣开合，摆位和袖口用罗纹布、松紧带、袢带或扣子扣紧。面料采用全棉卡其、涤卡、牛仔布、轧光布、砂洗绸、灯芯绒、花呢，女式还有特殊面料和花色面料，以及男、女皮夹克。为适应季节变化有单、夹和棉夹克（内胆可脱卸）。按功能用途，有日用型、运动型、工作服型和休闲型；按设计风格分保守型和新潮型，前者款式相对稳重、大方、无过多装饰；后者长短变化明显。高档材质的结构简化而细节别致，一般用料的镶拼较多，用色大胆，饰件和标志性小图案层出不穷。

77. 裤

从腰部向下至臀部后分为两条腿管的下装。一般有裤腰、裤裆、两条裤腿和裤门襟（或侧开口），以及裤袋、四合扣、钉、商标等附件。按材质分，有布裤、绸裤、皮裤和棉裤、羽绒裤等。按腿位分，有长裤、中裤、齐腰裤、齐膝裤、短裤等。按造型分，有紧身裤、直筒裤、宽松裤、喇叭裤、灯笼裤、方形裤、马裤等。按穿法分，有内衬裤、外穿裤和罩裤等。

78. 裙

无裆、围遮于腰下的圆筒状衣服。以女穿居多。按面料分，有呢裙、绸裙、布裙和皮裙，以及草裙等。按裙腰分，有高腰裙、齐腰裙、低腰裙和装腰裙。按裙长分，有长裙（拖地、及踝）、中长裙（及腿肚、膝下）、短裙（膝盖以上，含超短裙、特短裙、热裙）。按造型风格大体可分：（1）古典式，裙身直长或稍微扩展，2～6片结构，用料紧密，色调沉稳，外观端庄；（2）运动式，全毛或毛混纺面料的褶饰裙和牛仔布、棉布制作的开门裙，上下装拉链或缀纽扣，极富活力；（3）梦幻形，由太阳裙或水平分割基础上发展而来，如低腰裙、塔裙、花瓣裙、手帕摆缘裙，结构较复杂，款型华丽，装饰多样；（4）民俗式，源于裹裙、沙笼裙，结构简单，有纹饰图案，着装别具情趣，可作浴场装或新潮夏装。广义裙类，含裤裙、背带裙和连衣裙，乃至旗袍。

79. 裙裤

又称裤裙。外形似裙实为有裆结构的裤子。源于阿根廷牧童穿的半长牧人裤。腰部加省或抽碎褶或打对褶，以此虚掩分开的裤腿。大体分长、短、中三种。兼备裙的活泼、潇洒和裤的方便、利索，适宜旅游、休闲的外出着装，受爱美女性的青睐。

80. 连衣裙

又称连衫裙、连裙装。上衣和裙子连为一体的服装。是现代女性服装的基本品类。整体形态感强，造型灵活，展现女性优美身姿，而且穿脱方便，适应不同服用需求。按季节分春夏秋冬四类。按剪裁分，有连腰和断腰节两类。前者腰围无需缝合，有标准型、宽松型、束摆型和管状型多种；后者上下分别剪裁再缝合，有高腰、中腰、低腰和高低腰结合式多种。按场合用途，可分为日常型和礼服型两大类。细分：（1）家居用，以棉麻为面料，供家务及休息用；（2）上班用，如衬衫式连衣裙以端庄、质朴、适度装饰见长；（3）外出用，由上班连衣裙配搭饰品派生而来，可上剧院、做客或观展；（4）夜晚聚会用，选料高级，突出性感，款式有吊带式、背心式、露背式、镂空式、配搭附件饰物，尤显雍容华贵；（5）迪斯科舞会用，款型及用料前卫，娱乐性强，适于时尚青年女性。

81. 连衫裤

又称连衣裤、连裤装。衣、裤相连的一体式服装。最早出现于19世纪80年代，盛行于20世纪20～30年代。整体形态优异，实用机能性强，因利于形成服装的微气候空间，动作伸屈自如，穿脱也较方便，长期作为工装使用。鉴于其线条简洁并附有大贴袋装饰，也可作为青年旅游或散步的日常时尚衣着。如果选料恰当，可创造性地制作青年晚礼服或华丽时装。采用弹性针织面料制作并式泳装，实为连衣裤的另类形态。

82. 西服

又称西装。由西式上衣和西式长裤（或加背心）组成的外穿套装。上衣以圆装袖、驳领、前开襟、单或双排扣、一胸袋二腰袋为传统造型；剪裁适体，既可精做又可简做。从18世纪推出，19世纪初成型，至今已成为国际盛行的男装大类。大体上分两大风格：（1）英式西装，材质较厚实、挺括的全毛面料，以黑、灰色调为主，垫肩较高，胸衬平挺丰满，穿用同色两件（或三件）套，配白衬衫和领带，气派优雅庄重，适于正式场合；（2）美式西服，多选用毛型花呢或针织面料，色彩明朗，条纹较华丽，造型保持自然形态，款式简洁，单排扣，细节上作小微变化（如贴袋、绒或皮作领面等），上下装不强调同料同色，可选配花色衬衫、T恤或套头毛衫，敞怀穿着，休闲风尚，适于非正式或半正式场合。借鉴男式西服，出现了女西服（配裤或裙）和童西服。

83. 中山装

以立翻领、单排扣、四贴袋、圆装袖为款式特点的男上装。20世纪初由日本制服简化改进，引入中国理念而成，因深得孙中山的推崇而盛名。辛亥革命时曾定为国服。20世纪50年代将衣身适度放宽，钮扣定为5粒，采用蓝、灰或军绿色的棉布、涤卡、毛呢制作，成为新中国最主要的男装，在各种场合广为流传。改革开放至今，已作为一种标志性服装而在特定场合穿着，在民间仍受一部分中老年群体的喜爱。近年来出现的中山装变体新款式，用料高档，制作精美，在演艺界盛行。

84. 女套装

将上衣和裙或裤等配套外穿的女装。其雏形出现于19世纪70年代，从20世纪20年代起广泛流行。按材质分，有毛料、棉布、丝绸、化纤或混纺，以及皮革。按用途分，有正式套装、日常套装、运动套装、礼服套装、夏用和冬用套装等。按品种类别，有裙套、裤套、背心套、西装套、开衫套、猎装套、夹克套等。按造型风格与穿法有四类。（1）同料套装：上装和裙（或裤）的同色同料毛呢套装，系在男西服基型上渗入女性特色，设计风格较硬挺。（2）上下两件套装：又称柔性套装，用料轻薄柔软，日常穿着方便。（3）调和套装：连衫裙和短上衣，或和开衫、大衣等组成的配套装，用材同一或相异，款式、色彩配搭协调，比同料同色套装更具女性风采。（4）组合套装：又称分别套装，不必整套穿用的套装，可与其他服装互换，也可将各种单件衣服自由组合。

85. 长袍

又称袍、袍子、袍服。直筒形外穿长衣。常由整块衣料裁剪拼接成形，衣身宽松，用纽扣或束带系结，大袖，坦领或大襟斜领，质料及色彩图纹多种多样，大多用工艺装饰。传统袍服有阿拉伯长袍、日本和服、中国传统旗袍、藏袍等，此外还有僧袍、道袍等宗教用袍。现代袍服的品类越来越多，有睡袍、晨袍、化妆袍、浴袍、海滩袍，以及学士袍式外套或罩穿大褂。按制作工艺，又可分为单袍（如罩袍）、夹袍（如皮袍）和有内胆的棉袍，适于不同季节穿着。

86. 旗袍

以立领、斜襟、紧腰、摆衩、盘扣为特点的中国女袍。脱胎于中国满族的原型旗袍。20世纪30年代出现肩缝、省道、装袖的连身合体式样。采用高级丝绒、织锦缎或薄型丝绸，配以镶、嵌、滚、绣等工艺装饰，适于作礼服出席正式场合。20世纪80年代又引进衣片分割、立体裁剪等技巧，出现各种"改良旗袍"。90年代掀起以旗袍为灵感源的所谓旗袍风国际潮流，成为东西方服饰新一轮合璧的象征。

87. 外套

穿在最外层户外服装之总称。先是一种保暖服装，后作为身份的象征，是男女衣着中重要大类。按用途分，有防寒外套、防雨外套、防风外套、防尘外套和夜宴礼服外套。按造型分，有直身式、收腰式和宽松式；按衣长分，有长外套、中长外套、短外套以及前短后长外套。通常用中高档面料，由于使用寿命较长，设计款式稳重，不过于夸张或新潮，侧重于整体的简洁和细节的别致。外套的品种，以大衣、风衣、雨衣、披风、派克装等为代表。

88. 大衣

春秋和秋冬季正式外出时穿着的一个外套品种。由15世纪宽袖、无扣襟的骑马装逐步演变而来。按面料分，有呢绒大衣、羊绒大衣、棉布大衣、皮革大衣和裘皮大衣等。按制作工艺分，有单大衣、夹大衣、双面大衣、毛皮饰边大衣和多功能大衣等。按衣长分，有长、中、短三种。按造型分，有箱形、合身、宽摆和收摆四种。而按设计风格分，则有城市大衣、旅行大衣、运动大衣、派克大衣、战壕大衣等不同称谓。

89. 风衣

初春深秋外出防风尘用的男女轻便外套品种。源于20世纪初英国陆军战壕服，其款型以大翻领、前后肩附加垂布、双排扣、配腰带和肩袢等为特征，逐步演变而来。20世纪70年代开始流行于中国。面料采用华达呢类毛型织物，也有砂洗丝绸和涤棉府绸等，里料一般用尼龙绸，按全夹工艺制作。风衣造型，男式多为H型，女式多为X型或H型，有军用式、披肩式、运动式、衬衫式等不同类型，腰部束带或收绳，设计重点在领形、肩袖或襟位变化，细节简洁、精致，衣长齐小腿中部居多，有的带脱卸式风帽。穿着方便，舒适洒脱，以自然色为主调。有些风衣晴雨天兼用，亦称风雨衣。

90. 雨衣

以防雨阻水为主要功能的男女长短外套。19世纪30年代美国化学家查理·马金托什（Charlts Macintosh）发明防水胶布雨衣，因其实用、方便而逐渐推广且不断改进，品种日趋多样。雨衣要求手感轻软，穿着舒适，面料具有高阻水性，结构密封。按材质分，有布质雨衣（如用涤棉卡其、涤棉府绸、全棉布及纯涤超高密度的防水布制成）、橡胶雨衣和塑料雨衣。布质雨衣采用缝纫机缝制，其他采用粘合工艺成衣，均无需衬里。按用途分，有生活用和职业用两大类。前者包括雨衣、风雨衣、雨披等，规格多样；后者有军用雨衣、消防雨衣、野外工作雨衣，地下采矿用坑道服和交警值勤雨衣（有反光贴）等。

91. 披风

自肩部起自然垂覆躯干、手臂的一种没有袖结构的外衣。前开襟、对襟或叠襟，有扣或无扣，装立领或翻领。摆幅有直身式和扩展式两种。披风的摆位以及膝者居多，也有齐腰的短款，或齐脚踝的长款。后者通常设置开口供手臂伸出。质料采用相应的绸缎、呢绒或皮革或组合配搭。随穿者性别、职业的不同，可用作时髦妇女的户外御寒着装，军界政要的外出着装，以及宗教神职人员礼仪着装。

92. 披肩

又称短披风。妇女披在上身的无袖短外衣，或披在肩头的男女通用服饰，因其形态短小而被列入衣着附件。如中国藏羚羊绒制作的沙图什披肩（男用 $3m \times 1.5m$，女用 $2m \times 1m$），棉毛巾布制作的披在泳衣上面的沙滩披肩等。也可作垫肩使用，如水兵无领式披肩。

93. 斗篷

有连缝风帽的宽松长披风。前开襟、小领、无袖、脖上系带，摆似钟形。用料厚实，一般边饰皮毛，供外出时抵挡风雪严寒。中国古称"一口中（钟）"。另有起源于南美的套头式斗篷，分圆形和三角形两种，简单大方、自由随意。

■ 其他

94. 样衣

服装的实体样品。分两种：（1）服装企业自主设计试制的新款样品，供商业部门选样订购后投产用；（2）按客户提供的样品复制，确认后投产使用。体现设计意图和原创精神的样衣，是设计师、样板师和车缝工密切配合、反复修改、不断完善的集体劳动成果。据此，可直观形象地评估其艺术构思、工艺水准、面辅料使用、穿着效果及价位。样衣作为检验未来产品质量的依据之一。

95. 成衣

按标准号型批量生产，主要为市场销售而制作的成品服装。20 世纪 60 年代以来，已成为全球满足整个社会穿衣需求的主要产品。其特点是服装新款重实用，贴近生活，依据市场细分定位设计生产，价位适合特定消费群体。由消费者自行选购和自由搭配使用。成衣有时泛指各种衣服制成品，包括量身定制的手缝衣服在内。

96. 服装品牌

企业表达成衣质量、品位与风格，用文字、符号、色彩组成的标志。通过服装品牌，企业与消费者沟通，推动市场销售。品牌种类繁多，按主体分，有设计师品牌、生产商品牌和销售商品牌；按营运操作，有正牌与副牌、一线与二线等区别。按档次分，有大众型、奢华型、休闲型等等。服装体现品牌企业的信誉和效益，属企业无形资产，注册商标受法律保护。认品牌购买衣服，日益成为时尚的消费趋向。

97. 服装广告

视觉传递服装信息的商业宣传形式。涉及绘画、摄影、书法、文学、音乐、戏剧等艺术，又与经济、新闻、市场、管理等部门密切相关。按媒体分，有报纸杂志广告、招贴广告、样本样卡广告、路牌广告、灯箱广告、橱窗广告、展台广告、彩车广告，以及新兴的电视广告等。按目的要求分，有速效型、长久型、理智型和提示型广告几种。服装广告成功与否，关键在于准确、生动、简明、易记，富有美感，引人注目而扣人心弦，激发购买欲望。

98. 服装陈列

服装成品的静态展示方式。为服装传媒和营销手段之一。通过陈列的成衣组配、结构布局、道具选用、色彩处理、灯光照明以及图案、广告的统筹安排，可用以宣传品牌、指导消费，方便选购和美化环境。按场地分，有展会陈列和商店陈列两大类。前者如博览会、交易会、展销会的各种服装陈列，包括室内展位、户外展示和展览彩车等；后者为商场、专卖店的橱窗陈列和店内展台、货架和柜台陈列。服装的摆放，大多采用假人或胸架的立体展示和吊挂、折叠的平面展示相结合的方式。

99. 时装表演

又称时装秀。以活体模特着装动态展示时装魅力的视觉传达形式。19世纪50年代由高级定制时装奠基人查尔斯·沃斯（Charles Frederick Worth）首创，后发展成为一门以表现服装为目的的表演艺术，用作传播时尚信息的重要手段。将服装的系列配套与光声配合下的舞台动态展示融为一体，直观、形象地体现服装整体风格及其款型、色彩、材质特征，具有强烈的视觉冲击力和社会影响力。服装表演有多种类型：著名的如高级时装发布会、高级成衣发布的时装表演；各种流行时装发布的服装表演；流行预测、设计师、模特比赛的时装表演；还有群众业余时装表演以及餐饮、旅游业的时装歌舞表演等，分别实现其示范性、商业性、学术性和娱乐性。近年时兴街头式时装表演，走下T型台更吸引大众关注，对新款流行起推动作用。

100. 时装模特

以自身气质和形体语言充分展现服装着装效果的特殊人员。按工作性质可细分为职业模特、试衣模特、陈列室模特、百货公司模特、摄影时装模特、艺用着装模特和影视服装模特，还有特殊体型模特和脸、手、腿、脚的专项模特。其中对专门从事正式时装发布会表演的职业模特要求尤高，不但要形体美，气质好，还要训练其步姿、姿态的协调性、培养动作的雕塑感、韵律感和镜头感，全面掌握时装表演技巧；理解服装，领悟每场表演的主题和设计师意图、每款服装的独特亮点，这样才能通过表演将其艺术地加以展现而引人入胜。

服装系列设计的再研究

（1993）

天山杯中国国际服装研讨会参赛获奖论文（三等奖），原载该研讨会论文汇编

系列设计，简单地说就是指成组、配套的群体效果的设计。系列设计在服装领域里的形成与发展，同整个社会生产力的提高，纺织服装的科学技术进步，人们物质生活的改善和审美心理的演变，设计师自身素质的优化，以及商业信息、市场销售等因素，有着密切的关系。

服装系列设计，作为服装系列现象中的先导部分，富有活力，构成现代服装文化中的新事物。国际和国内在这方面大量的丰富实践，值得我们作专题性的研究，以便探求其创作经验，推广其成功做法，更好地在我国加以应用并获得创新和发展。

一、服装系列设计的功能作用

服装设计在系列中见效益，表现在不同的方面。

（一）服装设计具有不同的结构层面。服装系列设计是单件、单套设计基础上的一种延伸和突破，以其系统的完整性、形象的鲜明性和通过调节实现的各单体之间的变异性，创造出不同凡响的艺术魅力和多姿多彩的视觉效果，堪称设计艺术的一大进步。如果说 20 世纪 50 年代设计大师还停留在单套的精品佳作上，那么自从伊夫·圣·洛朗推出第一个"梯形系列"以来，越来越多的服装设计师乐于在难度相应增大的领域内学习设计的展开、跟踪与"成龙配套"，锻炼自己的创造意识、展扩联想和系列性的造型能力，在经受磨炼中尽情发挥，施展设计才华。服装系列已成为时装作品比赛普遍采用的设计方法，是服装发布会的组成单元形式。

（二）服装系列以联合成组的群体形式出现更加引人注意，具有扩大信息媒介的作用。心理学阐明：注意从其发生来说是有机体的一种定向反射。每当新异刺激出现时，人便产生一种相应的运动，使感受器朝向该刺激的方向，以便更好地感知它，继而主动地去探索它。扩大空间的系列设计，无疑会增强这种感应的刺激量，促使人们从其内在的统一性中更好地领悟到服装内蕴的创作意念，它的设计主题、表现手法和外在形式诸因素特征等信息。系列设计的着重点正在于强化服装形象的视觉感知功能。

（三）现代服装发展的总趋势，通常被归纳为成衣化、时装化、高档化、系列化和个性化。其中系列化在服装发展中的地位特殊，作用重要。服装系列化的走向，既是成衣化消费模式

的必然产物，本身又是时装化的具体体现形式之一。服装系列化有助于提高产品档次及文化品位，一定程度上是实现高档化的有效手段。人们着装个性化，往往要以设计系列的物化实体为其提供条件。凡此种种，可见服装系列化的"先行官"——服装系列设计的价值取向了。

（四）服装系列设计及其产销，容许在同风格、同品种中多款式的存在，就给了人们在对新潮流的共性追求中提供个人自由选择的更大余地。这种"求同取异"的做法，客观上满足了不同身材、不同爱好的消费者的多样化需求，不但能缓解时装化与个性化之间的矛盾，而且顺应了服装零售业态和邮购业务开展的实际需要，越来越成为服装企业家的营销和竞销手段。

（五）服装系列还能产生"侧翼效应"。如将其应用于商品陈列或橱窗布置，在时装信息传递的同时，潜移默化地陶冶人们的审美情趣，起着树立企业良好形象、美化市容、净化生存环境的作用。系列展示方式的推广应用，有利于改变目前商品陈设零乱、庞杂的落后现状。

二、服装系列设计的原理和规律

国内外设计师们长期实践的经验表明：服装系列设计的优劣成败，全在于如何在等质类似性原理的基础上掌握好统一变化的基本规律。

所谓等质类似性原理，包含着相互联系又相互制约的两方面的内容：首先是服装的同一因素，如整体廓型或分部细节，面料色彩或材质肌理，结构方式或披挂形态，图案纹样或文字标志，装饰配件或装饰工艺，服装品种或目的用途，在系列中各单体之间若干个或单个地反复出现，构成某种内在的逻辑联系，通过特定秩序美的组配，产生视觉心理感应上的连续性和族系的整体感。如果服装的统一要素在系列中越多，那统一性联系越紧密，系列感也就越强。这种系列感，就是一组群体的异他性和凝聚力。

其次，在系列中出现的同一或多种要素又必须作大小、长短、疏密、敞闭、正反、增减、强弱等等形式上的变奏，由于异质的介入使单体与单体之间相似而不等同，各单体具有各自的个性。当然，异质介入的变奏成分应保持适度，否则相互差异过分悬殊，就会失却群体的系列性。

在等质类似性原理的基础上应用形式美法则，应该说比单体或一套服装的设计要困难得多，因为系列设计具有时空观念上的延展性，它着眼于总体效果的完整性。这种更大范围的统一和更大范围的变化，归纳起来，无非表现为系列群体的完整统一和各单体的局部变化，使统一与变化这对矛盾在一个系列的内部达到协调完美的结合。这种结合的艺术手法不同，从而出现以统一为主旋律的服装系列类型，或以变化为基调的服装系列类型。前一种类型的系列感明显，具有整齐、端庄的美感，但处理不当或见多了容易流于平淡和单调；后一种类型的服装系列，风格活泼，富有力度和韵律美，但处理上失控，就显得杂乱，一旦内在的逻辑联系丧失，也就不成其为系列了。

从当前设计潮流来看，系列服装各单体之间的差异日益尖锐，增减、转换、分离、聚合等等变异手法的应用多端，且又灵活，从而达到不落俗套的个性化效果，也较适应现代社会人们要求舒展、自由、宽容、随意的心态。

系列设计实践经验同时告诉我们，设计师对系列设计原理、规律既要从理性上去把握，更需要有悟性的发挥，关键在于灵感的独特，构思的巧妙，形式与内容的匹配。这样才保证服装的系列新款各具千秋，源源而来，使系列设计的水准跃上新台阶。

三、服装系列设计的目的用途

从目的和用途的角度来研究服装系列设计，国际时装界大体呈现出四种情况、四种类型。

（一）设计师为未来时装孕育新形象的服装系列

该类系列的设计特点是强调探索精神，较多采用开放性思维和自主性创作，保持自我而不被市场所淹没，表现出适度的超前性或前卫艺术意识，落实为服装系列形象的独创性。

（二）工业成衣样品的设计系列

主要为客户看样、选择订货，再按批量直接投产之用。要求设计对路适销，档次明确，讲究生产可行性并保证样品质量符合规范，是紧紧围绕着企业经济效益而展开的实用系列，较多采用聚敛性思维，在传统中求新质，重视实用的款式造型，并力求多样。

（三）为社会宣传服装、普及衣文化用的服装系列

该项目的选用的服装系列强调较高的文化品位，讲究作品的典型性，根据社会不同阶层的接受程度注重正确、健康的穿着导向。

（四）为国际博览或参加大赛用的服装系列

这是显示设计师创作才能、风格，体现国家服装质量水平和整体实力的系列，以融国际的共通潮流与国家地区的个性特色于一体，形象的独创性、鲜明性与参赛、参展的主题要求相结合为其总目标。

上述四种系列类型的界定是有条件的、相对的。再可按服装的品种特征、具体用途、按季节、年龄组别等加以细别，当设计系列时应考虑到各项目的特定要求。

四、服装系列设计的主题命名

服装上各种单因素或复因素，根据意念都可能凝聚成系列的设计主题。主题命名的日益普及，标志着系列设计全方位、多视角、多侧面的深入，文化品位的提高和艺术气息的增强，使美化目的与功能要求进一步的融汇、结合。

（一）以色彩为系列

1967年意大利服装设计师瓦伦蒂诺（Valentino）推出"白色的组合与搭配"的纯白系列，开创了以色彩为系列主题的先河。随着色彩研究在全球范围内的展开，强调某主色调或某色组，显示色

彩流行信息及其应用的系列设计，层出不穷。诸如"黑色"系列，"黑白"系列，"海滨色"系列，"青铜"系列……给人们的服装带来深沉浓郁、古朴典雅、甜美明丽等色彩情调，美化了衣生活。

色的选用并与形的巧妙调节，对色彩为侧重点的服装系列设计至关重要。法国克劳德·蒙塔那（Claude Montana）推出过一组"黑色系列"。他采用当时超前新潮的全黑呢料，设计成宽平肩、半吸腰、偏长外上衣匹配超短紧裤式的女套装系列。三款的大身廓线、长短比例、雨衣式袖型均保持着同一，然其衣领大小、门襟形式、袋位配置、腰带有无等方面的变化幅度超出一般寻常。变异手法的大胆应用，带来了轻松、舒展、多样的服装美；由于黑色"覆盖力"的作用，使三款保持着系列性，从其形的变异和色的统觉之间取得如此配合默契上面，可以看出设计大师把握黑色性格的独特功底。

我国色彩系列的服装创作起步较晚，刚开始较多因袭"一花多色"的图案模式，之后，逐步摆脱了"同形变调"的设计框框束缚，有所突破，增添了形的切割变化和力度，艺术效果明显改观。

（二）以面料为系列

由于纺织材料的开发，织造、染整工艺的技术进步，使花色品种不断更新，织物性能和外观形态呈现多样化。人们越来越重视织物起皱、起绒、起光、起圈和水洗、石磨、显纹等表面肌理，并使不同质料在服装上相映成趣，产生材质美的交响效果。材质因素在服装设计中地位从来没有像现在这么重要。在此情况下，讲究面料的纤维、结构、形态特点，或异料对比组合效应的服装系列设计甚为活跃，构成一大趋势。如推出纯棉系列、棉麻系列、高档马海毛系列，顺应人们"回归自然"的心态；推出显示化纤改性、超细化成果的仿丝系列；满足人们猎奇心理，给人们粗犷感的松结构系列；还有以具体织物命名的种种系列。

成衣启动面料的开发；而新优美的面料又推动服装的设计，两者关系相辅相成，互为促进。现今，面料厂商乐于将新产品做成服装系列，以立体直观形式展示面料的性状特征及其应用，实际效果远胜于货架上放着的面料，对人们更具说服力。

（三）以造型为系列

突出某种款式造型创意的系列，是服装设计的根本。众所周知，二次大战后法国设计师克里斯蒂安·迪奥（Christian Dior）开创以字母命名轮廓的时装理念，伊夫·圣·洛朗（Yves Saint Laurent）推出几何"梯形系列"。H系列、X系列、立方系列、郁金香仿生系列……层出不穷，在20世纪50～60年代达到了创作高潮。之后，服装造型意念的表达呈现出多元化趋势。其一，从整体廓型转向细节局部，如皮尔·卡丹（Pierr Cardin）的"袖山几何化系列"；其二，从单一性的廓形创意转向意境化的艺术形式，如"直线韵律"、"几何新组合"、"金字塔轮廓"、"现代古典感"、"先锋派"等服装系列，它们仍着重于轮廓创造，但内涵更丰富，线形比较含蓄，趋于柔和。至于像日本的三宅一生（Issey Miyake）对形体的刻意追求别出心裁，他更强调艺术气质和精神的融合，形成反映现代人潜在文化意识需求心理的新流派。

（四）以纹饰为系列

如点子系列、格子系列、条纹系列，这些简单几何纹饰是经久不衰的永恒素材，应用面广、变化多端，易于配搭；如龙系列、凤系列、汉字系列，作为中华民族象征的传统纹样在现代时装设计中的创新应用；而佩兹利系列，在国际上受到广泛喜爱的纹饰，在现代生活脉搏的跃动下闪烁着民俗风情。再如"迷彩系列"灵感源于作战服，纹饰充满现代魅力和科幻情趣，倍受新潮青年的喜爱。总之，纹样取材不一，手法多变，追求装饰的同一与变化，能给人在衣生活领域带来更多美的享受。

服装系列作品上纹饰的取得有多种途径：一种是单色平素面料上局部绣花、贴花、补花，或通过手绘、蜡染、扎染工艺的制作，其纹饰按服装构思统一进行，灵活调节，效果整体别致，更富艺术气息，成品的档次因工艺装饰而提高。二是直接采用花色面料的简易、常规作法，设计时应从现有图案所蕴含的艺术特质中触发灵感，以便创造性地应用其纹饰效果。有必要指出：追求纹饰的同一与变化的服装系列，在国际时装界之所以大行其道，显然与面料生产、花色面料的配套提供有极大关系。配套面料，或花样、色彩相同而品种不同，或品种、颜色相同而花样不同，或花色相同而花形的尺寸大小不同，或花样相同作阴阳正反的处理，形式多样，它们的相互结合使服装系列的艺术设计更有生机活力，创造出更高水准的纹饰效应。第三种做法是利用腰带、鞋、帽、首饰等配件上的纹饰，将其作为设计重点，扩大其装饰面积，突出其装饰部位，通过不同材质的呼应对照，产生立体化、有动感的特异效果。这种系列要求配件工业的发达和品种花色的配套，否则就难以奏效。

（五）以服种为系列

如衬衫、裤装、夹克衫、婚纱等特定品种的系列。这类设计紧紧围绕着一个品种和推出一批面料、款式、色彩都不相同、规格多样的服装系列，或采用同一面料做得款式各不一样，或按照季节不同要求选用不同面料制成统一造型的成组服装等。这里存在的几种情况值得研究。一种是商业概念上的系列，其称谓由行业习惯所使然，实质上是同门类服装在其花色上调配、汇合使之多样，以求良好的营销效益。它们各款之间配组松散，随意性大，并无群体的艺术共鸣。另一种是艺术概念上的系列，艺术推敲成熟，系列感特强，展示效果佳良，但也往往片面追求群体的完整美感而损及实际的穿着效果。近年来出现商业目的和艺术效果融于一体的新潮流，这种设计更紧密地与市场靠拢，以其轻松、活跃、简练的系列美感促销，显示出强劲的生命力。

（六）以服装主题为系列

现代设计师的视野宽广，多种灵感来源，多种时空理念，采用多种艺术方法，通过形色质、点线面的构成组合，将头脑中凝聚成的主题，具体、生动、独特地表达出来、越来越将服装作为艺术门类，以主题命名自己的系列。这种做法首先见于艺术表演装和参展、参赛服装，现今逐步向生活实用时装系列领域推广，首先得益的是高层次的消费群体。

据笔者研究归纳，当今热门的服装主题有：

——以"伊甸园"、"自然风"、"田园风采"等命名的有关生态保护、回归自然的服装主题；

——表现现代人怀旧和复古心态的服装主题，如"20 年代"、"拜占庭艺术"、"中世纪传奇"等；

——展示女性魅力及其多元性格的服装主题，如"海妖式"、"维纳斯"、"天真少女"、"强者英姿"等；

——命名为"度假者"、"野外狩猎"、"周日"等表现随和、宽松、幽默、潇洒风范的运动主题和旅游主题；

——越时空和科幻意识的服装主题，如"太空时代"、"未来幻想"、"向往"等系列作品，形象简洁、新潮、饶具趣味性；

——有关异国情调和民俗风情的主题，如"神秘的东方"、"非洲风"、"冬天游牧人"等，灵感分别来自民族原始服饰，建筑、绘画、工艺美术品、民族典故等等，分解、组合，杂汇、混搭，重新演绎与现代交融的着装新貌。

五、服装系列设计的构成形式

（一）构成系列的服款套数

服装之所以成系列，至少应有两套单体，逐步递增，奇、偶数均有。一般来分：双体系列（2 套）、小系列（3～4 套）、中系列（5～6 套）、大系列（7～8 套）和特大系列（9 套以上）。

服装系列的规模和奇偶数的确定，取决于设计任务的需要，构思设想的特点，创作时间和面辅料提供的可能，设计师的个人兴趣、创作情绪，以及设计过程中的偶发因素，还有展示环境的条件因素等。

服装系列以少见长，还是以多取胜，这不能一概而论。多数情况下中、小系列较常见，但特殊需要也可取特大系列，以足够的规模来吸引人们。如我国有位设计师，为第二届巴黎时装节参展的"红黑相间礼服系列"，就是一个 10 套组成的特大系列，创我国服装之最。该系列采用增量手法来丰富由款式组配和色彩交错造成的节奏韵律感，并以视觉上的壮观使高贵、典雅的设计意念得以强化，更好地烘托喜庆的系列设计情趣。

有必要指出：服装系列的款数，在展示、陈列或推销介绍时可依实际需要及可能，将全套分成半套，或压缩为小套，也可将二组交叉起来配搭成新的大系列，这在时装表演编排中的再创作，产生新异的系列观感。

（二）服装单体在系列中的相互关系

一组成套服装按各单体在系列中相互关系而呈现出种种构成形式。

1. 并列式

各款单体在系列中都扮演同等角色，起的作用和所占位置相同，这种并列形态是系列设计惯用的传统模式，处理手法以统一为主，风格平稳、整齐，但所呈现的系列观感则可能各有千秋，并非雷同。

2. 主从式

各单体在系列中可分出"主角"和"配角"，各自到位，关系明确。通常见于奇数系列，偶数系列少见。当模特展示时主款起巡回穿插作用，使系列在整体统一中跃动变化，相互启动推进，最终使衣着效果更具生机，更富艺术魅力。

3. "搭桥式"

这是主从式延伸开来的一种新形态，它的结构组合更加复杂，不但在系列中有一款"唱主角"，而且其余的款式按其形态的临时性分组，靠主款来搭桥联络，起协调或统帅整个系列的作用。如日本设计师君岛一郎（Ichiro Kimijima）的"粗花呢秋季女套装"系列就是这样。这要求设计师具有高超的调控能力和多层面的配搭能力，否则会零乱、分散，没有系列的完整性。

4. 聚散通景式

这是一种各单体能分能合，聚散时呈现通景效果的系列设计形式。系列中各单体既相对独立，又有整合功能。一旦平置在一起，连接起来就有新形象的壮观。聚散式是并列式基础上的发展，灵感来源可能受到东方通景屏风画或西洋中世纪的三连画形式的启发，将其与时装系列动态表演配合起来，从而产生想象之外、情理之中的视觉效果。

试论中国传统服装的设计特色

（1992）

首届海内外中华服饰文化研讨会参赛获奖（优秀论文奖）论文，《海内外服饰文化荟萃特刊》登载该论文上半部分

　　每个国家的服装文化，都是该国特定的历史发展、生产方式、生活方式、社会结构、审美意识和自然环境等所决定的。中国的传统服装，不论是历代宫廷服装，还是民族民间服装，经过千百年的世代相传、衍变发展，形成了闪烁着中华民族智慧和艺术精华的系列特色，在服装历史上作出过重大贡献。

　　本文从服装设计角度探讨中国传统服装的艺术特色，并简述中国服装的现代走向。

一、着装形态的混合性

　　中国传统服装中的袍服、深衣和襦衫、短衣呈"T"字形；女裙呈方形、梯形或扇形；男女裤式呈"人"字形。它们都追求一种精炼、夸张的廓体形象，以宽松自如的直筒形的平面结构为主体造型，按照协调原理采用结构性的裁剪，衣片的几何图形简洁、明晰、块数少，缝制方便。而服装款式的变奏完全借助于衣身的长、短、肥、瘦；衣领的方、圆、盘、交；领面的有、无、高、低；衣襟的直、曲、斜、对；连袖的长、短、宽、窄和袖肚的曲、直、方、斜，以及衩位的设置、褶裥的应用和侧缝线的缝合与否。这种种设计组合手法，可根据服装所用的面料、穿着的季节、场合和喜爱要求来选择，相当灵活、随意。

　　中国传统服装是介于样式装和体形装之间的混合形态。在一定程度上拥有样式装在人体上二次成型的特征，和体形装适体、简练的长处，但又增减自如，穿脱比较方便，无刻意追求的象形性而带来穿着的束缚感。

　　中国传统服装上不可缺少的各种腰带、结带、飘带和饰带，还有如汉代妇女服饰的"披子"，唐代女装富有飘逸感的披帛，苗族民间"旗帜衣"上联领的后肩巾，怒族麻布装的后片外层挂布等等，这些样式形态的局部保留物，化作动感设计的有力手段，摇曳生姿，呈现朦胧的韵味，散发诱人的魅力。

二、配套穿着的层叠性

　　中国服装在传统上不但注意上下装、内外衣之间不同比例关系的搭配，而且往往将不同

长宽的几件同品种的衣服叠穿在一起，构成着装的多层性效果。

这在最初是由于地处北温带，为适应频繁的气温变化满足人体生理需求而产生的。但到后来就转化成为取得丰富华丽的外观和寻求扩张廓体造型的艺术表现力的设计手段。它的产生与中国较早进入农耕社会，接触植物界，从空间立体造型的多瓣花卉等造型特征上得到的灵感启发，以及中国手工纺织业发达，特别是养蚕、缫丝，织制细软、华丽的丝绸面料有极大关系。

例如汉代曲裾深衣的所谓"三重衣"，穿在外层的交领比穿在里层的交领要低一些，使每层领口都显露在外，形成领的层次化，从而增添服装雍容华贵的气派。云南通海蒙族妇女穿的"三间衬"衣装，布朗族的内外两层的"尹甲"筒裙，都按照外层短、宽、内层长、窄的同一原理配搭，起着增强服装的节奏感和原有体积充实感的作用。又如苗族姑娘爱穿层层叠叠的多裙装，其穿着顺序正好相反，在短裙外套长裙，在素色裙外罩花裙，里穿超短裙的裙腰束在自然腰位之下，让外裙的体积渐次扩大。当人体舞动时裙摆撑圆，甩得高高的，十分惹人注目。这种层叠性是中国式显示女性的线条美，创造视觉效果上的形式美的独特方法，与欧美服装史上采用硬挺的金属裙箍的做法，有异曲同工之妙，却又稍胜一筹。

三、装饰加工的丰富性

从战国时期的"衣作绣，锦为沿"开始，中国的服饰加工历经衍变发展，跨入变化万千的境界。单以用作面料的丝绸为例，就有纱、罗、绫、绢、纺、绡、绉、绸、锦、缎、绒等十多个大类，具体品种更是材质、肌理各别，色彩、纹样迥异。织物加工的印染方法就有蜡染、扎染、夹板染、拓印和碱印，还有画、染结合的"画缋"和维吾尔族的"扎经缬"。不同印染工艺生产出来的图案纹样，有的带自然层次的晕染效果，有的却轮廓清晰，对比强烈又呼应一体。至于服装的传统制作工艺，更有绣、拼、贴、镶、滚、切、缀、缕、盘等，手法多样，技艺高超，极富东方韵味。

中国服装装饰工艺选用灵活，通常是两至三种工艺手法并用在服装上，相互衬托，装饰部位集中于前胸、臂肩、后背、下摆等易被观赏到的部位，和衣领、袖、襟、摆的边沿等通常易被磨损的部位。装饰局部细节以全大体，增强了服装的节奏韵律感，具有浓烈的装饰美。丰富的服装传统工艺，构成了中国服装遗产的一大优势。

四、服饰纹样的象征性

中国重视服装图案的表征作用，由来已久。周代皇帝冕服，玄衣纁裳，用十二章纹，每章均有取义，在当时社会条件下已相当规范，开创了服饰象征之先河。之后历代一脉相承，确立了服装形制的等级标志。明代的官服上出现"补子"，这实际上是方形或圆形的适合纹样，所选兽禽的品种和调配的色彩均具严格的规定性，文武官员们各人的地位等级一目了然，起着类似现代军装肩座章的表征作用。清代的龙袍，属于吉服类型，袍身织绣着九团金龙，袍摆上还有一整段"海水江涯"纹饰，借以象征一统山河、万世升平的吉祥寓意。

吉祥图案到了清代，在民间服饰上获得了空前的繁荣，如以莲花表示纯洁，牡丹象征富丽，鸳鸯象征爱情，松鹤隐喻长命百岁等等。少数民族的服装上还盛行留存着图腾崇拜痕迹的图纹，如纳西族女羊毛披肩上"七星伴月"纹，就象征着披星戴月的勤劳耕作的精神永存。

五、艺术风格的多样性

中国传统服装的形式风格，可概括为：造型完整、浑厚，外廓精炼、夸张，整体对称而局部均衡变化，色彩和纹样的装饰风浓重，艺术上讲究简繁、虚实、动静态之间的对照，并与功能、材料求取和谐统一。在这个共同的大风格下面，由于时代演变的悠久性，各民族发展程度上的不平衡性，以及中华大地各区域条件的差异性，反映到服装上出现了风格流派纷繁多样、艺术个性千差万别的局面，俨然宛如一座蔚为大观的东方服饰博物馆。

中国服装设计风格按时代分：商代的威严、拘谨；战国清新；汉代凝重中见灵巧；六朝秀丽；唐代丰满、华丽；宋代简朴、形象修长；元代粗壮、豪放；明代端庄、洗练；清代的纤巧、精绝；民国以来服装简朴和多元性。

同样是采用镶拼工艺制作成衣，然其艺术形象迥异。如基诺族的杂色对襟短装，异色镶拼面积大，肌理质感粗犷，颇具原始风味。土族的五彩花袖长袍上镶拼的色布，排列有序，整体布局统一中见变化，新颖别致，色彩强烈。四川凉山彝族妇女的斗篷式背心，后背部稀疏、错落的几何形小色块布料的拼贴，形式感特别强，犹如西方的冷抽象画作品。

六、不断革新的创造性

各个不同时代对衣着生活都有新的需要，这些新的需要单靠老传统和旧技巧是满足不了的。服装设计在促进服装发展过程中，一方面继承和发扬了自己优秀的服饰传统，另一方面接受外来服装的新潮流，借鉴、吸收其精华。在中国服装史上汉族与其他民族之间不断地进行交融吸收，如古代赵武灵王的提倡胡服以利骑射；秦代吸取六国的服装形式而定服制；南北朝的民族大融合使服制的变化加速等，不胜枚举。在中外文化交流方面，以汉、唐和五四以后为盛。汉代的"丝绸之路"打开了对外交流的通道，使汉代服装及织物的品种、式样、色彩渐趋华丽，呈现多样性。唐朝作为当时的世界名都和文化交流中心，与众多的国家、地区频繁往来，加上当时政府采取兼取并蓄的开明政策，在本土和外域的服装文化的冲突与互补中使唐代审美心理结构发生了变化，出现了袒胸、露肩、不穿内衣，仅以轻纱蔽掩的大胆装束，服制开放，更富时代感觉。

五四运动以后的中国旗袍，脱胎于满族妇女的服装原型，是由汉族妇女在穿着过程中吸取欧美服装式样的结构因素，不断改制而成的。它采用独块衣料，以人体结构为基础，收腰省、胸省、紧身式，很能表现东方妇女特有的文静性格和苗条身材的美感，具有现代生活的独特风格：轻盈、含蓄、端庄、典雅。开衩和立领，分别为旗袍的局部造型的两大特色。开衩不但使穿着者行走方便，而且给人以活泼轻快的动感；而旗袍领式前低后高，线形优美，给人一种雅致、大方的观感。而中山装原是日本明治维新后规定的学生制服上装，庄重、适体，比中式传统袍褂利索，又比西装简便、实惠，经多次改制而成，堪称使服装的外来形式同化在具有中华民族现代气质的自我之中的成功典范。这些实例都说明了中国服装不囿于固定传统，长于借鉴，善于吸取，发挥了继承传统与不断革新的创造精神，这也正是中国服装设计得以紧跟时代节拍，保持兴旺发达的潜在推动力。

上海时装设计思想

（1984）

上海外贸部门特约稿，采用繁体字发表于香港经济导报《中国丝绸》特刊

党的十一届三中全会以后，上海时装设计进入了新的历史阶段。呈现出思路活跃、勇于创新，作品洋溢青春气息和时代感强的可喜景象，受到消费者的欢迎。

时装的灵魂在于设计，而设计取决于解放思想，遵循正确的设计原则。我们从社会主义中国的国情出发，创造具有典雅为特色的现代时装风格，给人们以健康、清新、便适和多样化的美的享受。

近年来，上海时装设计思想有了明显变化。

（一）丰富和发展了"适用、美观、经济"设计原则的内容。

上海服装界顺应时代潮流，反映时代精神，发展了三结合的设计原则。服装的"适用"不仅是指衣着方便、坚固耐穿，满足使用上的基本要求，而且是要满足社会生活多方面的不同需要，因人、因地、因地而变异。服装的"经济"不仅是指省工省料，越便宜越好，而是要求在宏观经济上开拓效益，如向高级化、时代化方向发展，要求在提高消费水平和欣赏水平上下功夫。服装的"美观"不再是孤立地局限于单体衣物的质料、花色和款式的狭猥范围，而是从服装配套的整体或群体设计的全方位要求出发，联系到消费对象，以及场合、环境、时间诸因素所综合的穿着效果。

（二）为了提高我国时装设计水平，上海服装界在保持端庄、脱俗、风致的中国典雅特色的基础上，重视当代世界时装设计先进经验，研讨国际流行趋向。如日本森英惠、法国皮尔·卡丹等名家相继访沪，交流技艺。国际上流派纷呈、交替迅速的"复古潮流"、"牛仔风格"、"太空式"、"顽女装"、"铁器时代"，以及"女装男性化"、"男装女性化"、"针织外衣化"、"外衣便装化"等等，既不全盘否定，亦不全盘接受，而是区别不同情况，吸收其在面料选择、造型结构、辅料配件、色彩搭配、剪法方便、风格特点等方面积极的创新部分，有选择地吸收消化。如通行世界的西装，经上海时装设计师之手介绍推广，已掀起了全国规模的"西服热"。时装设计还从文艺作品的角色形象，绘画作品的色彩构图等上面吸取灵感，开创思路。如"海狼衫"、"瓦特装"、"高枝衫"、"秀子衫"等名目繁多的新作品，都受到国内消费者的欢迎。

（三）上海时装设计师，在借鉴外国、创新流派的同时，亦注重各民族和民间优秀服饰及其传统艺术的学习与运用。如独特风格的现代旗袍、唐装和绣衣，雅俗共赏的蓝印布时装、推陈出新的手绘时装，以及唐三彩、敦煌艺术等，加以巧妙地处理介绍到国外，顺应国际上持续不断的"中国热"潮流，使我国传统的服饰工艺重放异彩。

怎样根据面料来设计时装

（1992）

发表于《中国服饰》1992年春

面料使用得合理与否，其美学价值的表达如何，可直接影响到时装款式造型设计的成败。服装面料有柔软与硬挺、厚实与稀薄、精致与粗犷、光泽与毛糙、平面与立体、单色与花色等区别，又按其纹理、色泽等外观给人以不同的感觉。首先应该悟得面料内在的和外在的美之所在，加以艺术想象，因材制宜地构思时装的款式造型，这是第一点。

精致型的面料具有高档感，适宜构思庄重风格的服装，设计力求造型简练，线条分明，但做工要讲究，从而达到开拓材质美的目的。而粗犷面料的外观朴实、清新，具有浓重的原始风味和乡土气息，可设计宽松式样的时装，与"回归自然"的衣着时尚相吻合，极富情感和个性色彩。

柔软型织物比较贴身，会均匀地自然下垂而形成小圆弧褶裥，尤其是斜裁的面料其悬垂性能极佳，可设计流畅、轻快、活泼的线条，体现女性美。款式可以比较夸张，强调整体或局部造型的装饰变化；或表现女性的腰线，选取贴身的廓形，反映成熟女性的优雅与精致。相反，如果是硬质地的面料，由于其身骨挺实，适于大块料的弯曲成形，做成有直线棱角或向上翘的轮廓造型，使女装适度表现一种刚健、庄重的男性味。

蝉翼、蝶羽般的薄纱织物，呈透明或半透状，给人轻飘、凉爽或朦胧的感觉。设计夏装或晚礼服时，就可利用这种衣料的半透明性和放射性褶纹的手法处理，有效地借鉴"欧普艺术"的光效应，使衣服和人体浑然一体，在动静之中虚实相成，交替变化，创造一种梦幻般的时装形象。

如棉府绸、尼龙绸属薄型质地，而呢绒、驼绒、人造皮毛等属厚型质料。凡较厚的面料会增加服装体积，使整体轮廓变大，如果服装的款式配合得好，显得庄重。但是不能用来制作褶裥过分重叠的款式，造成生硬、堆积、臃肿的形象。如果将厚重的质料配在领口、袖口、裙边等局部，与衣身的材质相映照，或在厚重感强的服装上配一件质料轻薄的小装饰物，其效果通常都较为理想。

布面毛糙不平、无光泽的质料，由于光反射紊乱引起缩小体积的视错效果。好的情况下给人以稳重、高雅之感。不好情况下也容易产生干涩、枯燥感。其服装设计应善于运用打褶或开刀工艺，进行节律明快的结构处理。诸如闪光缎、轧光布、涂层尼龙绸，具有一定的光泽，产生闪光闪色的外观。金银铝片织物，或在织物上饰以珠片和串珠，其光泽显著，绮丽、多姿，更是风格艳丽华贵的高级礼装用料。服装设计思维应顺其势，使用褶裥来增强织物受光面和阴影部分之间的对比度，使光泽在夜晚的灯光下变幻莫测。用光泽度强的面料做白天穿的生活时装，通常对其用量应作适度调控，避免过分耀目使人的视觉受不了，或与穿着场合的气氛不协调。

布面平滑如镜的面料为数很少，绝大多数的织物，有的隐约起皱，起伏精致而含蓄；有的绒毛耸立，显得丰满而温暖；有的规则或不规则的浮雕般的立体、凹凸，光影明暗，层次丰富。大凡用单色面料来设计时装，往往讲究其结构造型，以显示材质及其色彩的特点，在单纯、稳健、庄重、宁静中体现服装的潮流。至于花色面料，包括大提花织物、印花织物或印织相结合的花色织物，其图案的花形大小，布局清满，取材来源不一，技法处理或具象或意象，或抽象或几何，配色的鲜艳或淡雅，造成传统或新潮、外域或本土的不同格调。设计时应根据面料的材质、肌理和纹样色彩所提供的美学内涵，有选择地、创造性地设计相应的时装品质和具体款式，求得内在风格的协调和谐。假如面料上的图案相当精致，那在构思服装的外形轮廓时也力求精致，而服装细节处理上可以简约，恰到好处即可，否则反而"画蛇添足"，互相冲突，或"文不对题"，导致失败。

优秀的设计师对面料具有敏锐的洞察力和非凡的联想力，能不断地发现新的表现特性，或开拓新的使用场合。法国迪奥公司于1958年推出的"球体"新款，对人类征服宇宙，人造地球卫星上天的划时代的科技创举率先作出反应，就是设计师从塔夫绸这一基本面料的光泽感和良好的稳定性易于在所需形式的创新上，通过联想表现出服装同卫星的形式和表面光泽的相似性而轰动国际时装界。日本的君岛一郎别出心裁，采用男性风格的粗花呢料，设计出秋季女套装系列，在运用反思方法上进行探索，获得了成功。在国内也不乏诸如用积压的印花富春纺制作男衬衫，用女格子呢生产男夹克衫等实例。这表明设计师对待面料的态度是能动的，在因材制宜地表现面料风格的同时，可以调动设计手段，独创性地发挥面料风格，拓展功能用途。这是应该注意的第二点。

第三，面料本身有一个流行的问题，有些面料永葆青春，经久不衰，有些面料随着时光的消逝，重复过多而不免使人产生陈旧感。设计师针对这种情况，根据具体面料品种特点，在时装构思时或着意于浓重的装饰点缀，采用绣花、手绘等工艺加工转移视线，掩盖或淡化原有材质肌理，或从不同面料的镶拼组合中使服装产生质地、明度和色彩的变化；或利用纺织品这种"软雕塑"材料的柔性，进行折叠、呈皱、分割、压褶、缉线等工艺，改造原有的肌理形态。

此外，作为创作灵感来源之一的面料，还有个价格和档次的问题，设计时装时不能不予涉及。价贵的高档面料，理应做成高品位的时装，但所推出的时装不能担保其档次级别一定高。而低档价廉的面料，通过巧妙设计却能提高服装档次，即所谓"粗粮细作"，提升产品附加值，受到生产商和消费者的欢迎。

访问归来谈服潮

（1992）

刊于《服饰与编结》1992 年春

　　1990 秋冬至 1991 春，笔者以访问学者身份重返母校进修期间，有机会结识莫斯科的服装同行，实地考察了服装市场和市民们的穿着打扮。

一、服装市场一瞥

　　在莫斯科，除"古姆"、"初姆"等久负盛名超大型百货老店外，陆续又增设了"溜克司"、"五一"等中高档的服装特色商店或大百货公司。以扎依采夫命名的莫斯科时装屋，陈列着用外币或卢布高价出售的新款时装。总起来说，莫斯科的服装商店档次齐全，以中低档为主体。并且规模大小、网点布局比较均衡，普遍实行开架式售货，服务相当周到，态度和蔼可亲，市民们即便是排长队，也秩序井然。这些给人留下了深刻印象。但同样给人以强烈印象的是轻纺工业不景气，服装供应不足，品种与花色比较单一，新兴品种有的缺门，与堂堂大国风范形成反差。

　　至于莫斯科市场上的进口货，绝大多数来自波、捷克和德国的西装、风衣，款式设计、选料及加工都不差，价格公道，相当热销。西方产的如自意、法、荷、日进口的多是长统袜、连裤袜及胸罩、睡衣之类，供货充沛，价格也不贵。而西欧北美的外衣外套，仅限于几爿外商独资、合营公司的门市部或高档服装店内有售。如澳大利亚的新潮羊毛衫、美国的裘皮大衣系列、印度高级皮装和羽绒服等，其标价在普通市民心目中是个天文数字。因而，望服兴叹者多，实际购买者寥寥无几。

　　相对而言，苏联自产的服装品种，如男西装、呢大衣、女呢帽、皮靴和童装的供应，稍胜一筹。

　　当时，前苏联当局为缓解服装紧缺、花色单一的现状，一方面通过出售裁剪纸样和专家指导讲座，大力提倡市民们自制服装，但也带来绸布供应的紧张。另一方面，鼓励市民或外籍人士提供外货，增设调剂柜台。闹市区的几爿大店内，都有适合不同季节时令和场合的各国服装、鞋帽、饰件在调剂柜台出售，其琳琅满目的情景，犹如微型万国博览馆，吸引着众多的顾客。这些东西报价比较高，但因花色独一无二，买的人也不少。这种调剂柜台的供购渠道，为首都市民的服装时潮起着推波助澜的特定作用。

二、市民穿着巡视

笔者在工作之余，逛商场、上剧院、看展览、作家访，每每徜徉于大街小巷，一窥莫城市民芸芸众生的日常穿着。

在莫斯科，冬季男女均穿大衣，材质以呢料（全毛或半毛）居绝大多数，其造型是在传统格调中兼备着微细的新潮品味，并且，辅料选配及加工亦很考究。而各式裘皮大衣占相当比重，但其高档顶级品似以文化圈内独占。羽绒服不普遍，高弹棉垫胎的大衣和夹克则相当风行。

稍为暖和的季节里所穿的风衣，莫斯科人人必备，穿着时间很长。所用面料以薄型毛料或化纤混纺为主，其色泽以青色、中灰、咖啡、豆沙、藕莲等为常用色，特别鲜亮的色调不多。风衣的裁剪结构极其多样，从而带来了款式造型上的变奏。

西服套装为男女上班或正式、半正式场合必穿物，当地人以全毛为上品，讲究造型的微妙变化，以体现流行和显示个性风采。其色泽及面料比大衣丰富，质地坚实偏薄型，织制技术很见水平。

女性仍保持穿裙的习惯，各式裙子变化多端。莫斯科妇女总起来说文化程度和艺术素养较高，善于根据不同场合、环境的需要穿着，讲究整体搭配。喜爱金属装饰，在室内灯光下平添丽质，但注意适度。对流行的反应似乎比较平淡，趋向于长周期。这可能同她们长期习惯于讲实际，不尚超前消费的衣着传统有关。

少男少女们可不一般，对时潮最为敏感，新式时装及各式各样的牛仔服、旅游鞋倍受青睐，奉为宠物。

纵观莫斯科人的衣生活，其"好坏"差别在于衣服档次的高低，追寻时尚的快慢，以及文化品位的雅俗，其中尤以跟随流行的速度上反映出来。

同西欧发达国家相比，甚至同东欧某些国家相比，莫斯科人的穿着还是落后一截。他们对服装业的不景气时有怨言，对品种单调、花色不全似乎习以为常。

三、时装潮流扫描

笔者老同学扎伊采夫，30年后成了当代苏联著名设计师，被西方誉为"莫斯科时装策划人"。受邀家访，并参观他的时装屋，观摩时装表演，见到不少时装新作。

总体上看，莫斯科时装有一种"怀旧"特征，对20世纪初到70年代的追溯，蕴含着众多历史影响的回顾。与此同时，时装领域的所谓"民俗风格"不断增生着。如此在一个服装款式上，往往糅合了不同时代、不同风格的审美意趣，服装形象纷繁多变，引起了人们相互接替着的串串联想。

流行趋势的大体印象是：

廓形 柔和、流畅的外轮廓，微微扩展的圆肩头和削肩形、吸腰式的大衣、外套、外衣和连衣裙日趋主导地位。女性化时装替代肥大的"口袋时装"。并采用高腰、短外套或宽臀来表现腰线。

零部件 领圈开低，增大，前胸暴露面扩展。无领座的软翻领开始时兴。男衬衣亦流行软领。衣摆有仿男背心、燕尾服和古典女式拖地裙的摆线风味，时兴非对称性造型和前后摆位的变奏设计。

装饰 滚边、花边以及刺绣运用广泛，女衬衣、连衣裙、短外衣的褶饰丰盈，效果华丽、诱人。钮扣精致化，部分选用金属钮。

裙与裤 超短裙和超长裙均有，但渐趋长裙，轮廓柔和、带扣饰的高开叉裙时髦起来。裙裤开始成为穿着随意的日常便装。牛仔裤、喇叭裤、萝卜裤、紧腿裤、直统宽裤并举，设计变幻多端。

面料 其质地时兴柔软，轻质或半透明。另外，丝绒、织锦、人造毛皮等异质面料常同时配搭，肌理对比度增强。针织面料应用广泛。

色彩 以不抢眼的自然色占优势，愉人眼目的多彩色重新流行。而使用多年的黑色开始部分地让位于褐色和深蓝色。抽象形的花卉图案和几何细格图案成主流。套装色彩的配搭，对比鲜明，具有简洁、明快的观感。

苏联早期的服装设计师拉玛诺娃

（1990）

发表于《流行色》1990-2
（稍有增补）

　　娜杰日达·彼得罗芙娜·拉玛诺娃是苏联服装史的公认开创者，无论是她的创作实践，还是她的设计理论，都为俄罗斯服装的发展、为苏联服装风格的形成，作出了奠基性的贡献。

　　她的服装创作生涯，始自 19 世纪之末。出身裁缝，师从法国时装大师克里斯蒂安·迪奥，开设私人高价女装企业。苏维埃共和国成立，拉玛诺娃即致函人民教育委员会艺术生产科，提出组建现代服装制作工场的建议。1922 年 8 月，莫斯科缝纫业托拉斯所属时装工艺社正式成立。这是苏联当时第一家女装设计中心。从筹建时装社开始，会同雕塑家穆希娜、画家马卡洛娃等文艺人士，以旺盛的精力和富于自主意识的精神投入工作。她悉心研究由于社会经济制度变革所带来的新的衣着需求，考察俄罗斯人的生活、心理、历史及民族特点，着手服装设计理论的探索。

　　拉玛诺娃指出，服装是社会生活和社会心理最灵敏的体现之一。服装是具有同一定的社会生活环境相联系的功能用途，要以劳动条件和生活条件作为设计目标。人的外貌应与其内在的性格相融合，成为一个整体形象。并认为苏联国内实际流行的时装趋势，区别于西欧时装，应与服装的民族特点有机地结合起来。

　　1923 年，在首届全俄工业美术展览会上，由于她的参展作品出众，开始闻名于国内。1925 年为巴黎世界博览会创作有俄罗斯传统刺绣装饰的衬衫式连裙装配套系列，由于"独特的民族性和流行趋势相结合"而轰动时装界，获得最高奖项。从而挤身世界知名服装设计师行列。

　　鉴于苏联当时的条件，由工厂提供面料，设计裁制简便、美观实用的生活服装。她善于从材质的可能性出发，设计棉绒布连衣裙、仿毛条格布围裙、军装呢大衣、粗平布的托尔斯泰式男衬衫和亚麻布的服装。而对质地偏硬、弹性较差、缺乏表现力的织物，她巧取长方形直身的单纯轮廓作为服型基础，灵活地加以变化，取得了理想的效果。

　　拉玛诺娃心灵手巧掌握熟练的专业技艺。有位服装美学家曾经这样描述："她的手指一触到织物就活跃,而织物在她手指下变得光彩起来。看一下织物,她就能从中窥见服装的样式……一切的基础是形象的发端……她的双手可与外科医师、提琴手、雕塑家和版画家媲美。这双巧手把织物拧出褶裥,作出明暗,表现线条,塑造立体。她是一位杰出的艺术家。"

她从民间服装遗产中吸收到结构简单、裁制便易的长处,运用彩色纹饰原理,结合组合对比手法,使服装形象富有力度,焕发出艺术魅力。

拉玛诺娃一贯反对盲目抄袭西欧时装,但是她用更趋简洁和实用的服装,丝毫没有同20年代欧洲的时装潮流脱节。她设计的直身连衣裙,呈褶自如的女短衫,不平整感的裙摆,乃至少年式的短发型,正是当时国际时尚的特定产物。在当时的历史条件下做到这一点,是难能可贵的。

1928年,她曾总结自己的设计经验:服装的用途决定材料,服装材料决定服装式样。人的身材同样也决定材料及色彩,服装式样决定服装材料、纹样,以及把它们和谐起来的节律;而服装上的纹样则使色彩和材料取得统一,构成形状,在艺术上和结构上分割服装的表面。

拉玛诺娃作为真正的服装设计师,多才多艺,才气丰厚。在设计生活服装的同时,还为苏联剧院上演的经典话剧,如托尔斯泰的《安娜·卡列尼娜》、契诃夫的《樱桃园》、莎士比亚的《哈姆雷特》、博马舍的《费加罗的婚礼》等设计舞台服装,曾得到过著名戏剧活动家斯坦尼斯拉夫斯基的高度评价。斯坦尼说,同拉玛诺娃的长期合作结出了丰硕成果,这促使他将她看作是一位"不可代替、富有才干、在戏剧服装的知识领域和设计领域里几乎仅有的专家。"

拉玛诺娃的一生,给人们留下了丰富的创作遗产。她有两件服装佳作,由国立艾尔米塔什博物馆珍藏。她颇有见地的设计思想,被她的许多学生所继承,发扬光大。而在苏联纺织最高学府莫斯科纺织学院,1936年起众望所归,将她认定为培养未来服装设计师的教育奠基人。

花卉钢笔画笔谈

（1979）

原载于苏州丝绸工学院工艺美术系《花卉钢笔画集》

  钢笔画以不同型号的尖头钢笔（蘸水笔，自来水笔）或针管钢笔，取用黑（或蓝）墨水，在白净、密实的纸面上绘制而成。鉴于工具、材料性能，以及便于制版、复印等特点，大量用于书刊插图、连环画、图案题花等。不少设计人员，也乐意以钢笔画形式搜集素材，甚至创作钢笔画风的图案来美化纺织、服装产品。

  钢笔画与其他画种相比，笔触清晰，黑白醒目。作画时全神贯注，意在笔先，运笔果断，笔调流畅准确、生动地表现对象，一俟落笔，就很难更改。因此，将钢笔画作为美术基础的训练内容之一，颇有好处。

  钢笔画按其画风，大致可分为绘画性强的和装饰性强的，以及介于两者之间的三大类。而每类又有工泼、简繁、粗犷和细腻等别。这取决于作画的具体目的、观察和描绘对象的着眼重点和作者的个人风格等。

  花卉钢笔画的绘制过程，因人因地而异，但大体上有两种方式。一种是直接对物写生，一次性完成。置身于百花丛中观察体验，或就花卉本身的结构、形态精致描绘，对花瓣的翻卷、脉络的转折一丝不苟；或用简练手法敏锐捕捉对花卉的形象感受与气氛的渲染；或立意于构图布局的创新；或着眼于装饰意匠的探求；……即便是绘画性强的写真作品，也无需完全拘泥于自然形态的刻板模写，要求取舍，提炼加工，容许"移花接木"，搭配组合，容许简化层次，装饰美化，务使客观真实和主观情感结合起来。另一种是分两步走，先写生收集素材，再在整理加工或变化的基础上绘制正稿。它的优点是便于发挥，推敲成熟，作品完美，但要有形象积累才能奏效。

  从技法的形式因素分析，钢笔画线条的作用十分突出。线条在一幅花卉作品中，除表现形体结构的轮廓线之外，就可能有表现空间体感的明暗阴影线，表现质地感的各种纹理线，显示物象固有色的明暗差异线，以及用于主花或背景衬托上的装饰性线形等等。这些作用不同的线条，长短、曲直、粗细、刚柔、形态各异，线条与线条之间的走向组合或平行，或收放，或交叉，通过交响乐曲般地巧妙组织，不但在画面的纯白、纯黑之间产生中间调子，而且将形象的真实感和生动性表达得淋漓尽致。这种技法多样的"线条艺术"，当然并非绝对排斥点和面的运用。在一定意义上可以说，点是线的虚脱或减弱，面则是线的凝聚或强化。点线面的适当配合，既保持花形亮部的明度，加深阴影部分的黑度，增添画面的层次使之对比有神，又能丰富表现力，更好地衬托钢笔线条的美感。

---

*参见图3-23、3-24、2-7、2-8。

第六篇

有关服饰的译文（俄译中）

　　笔者中学时学英语，大学改学俄语，似乎觉得俄文比英语容易掌握些。

　　业余学习翻译，一要有兴趣，二要有恒心。笔译不同于口译，可以慢功出细活。

　　有时为了一个词的译法多处查找资料，为了一段话去掉洋腔洋调，寻找中文表达的理想方案而推敲再三。白纸黑字，迫着你向"信达雅"标准努力，逐步提高翻译水平。

　　搞笔译，可以说是个苦差使，但同时又是个快乐活。因为将译文发表出来，让外来信息资源全行业共享，其作用远比一个人看懂原著要大得多。当发现译作受青睐而被引用，真的很开心。

西方 20 世纪 60—80 年代时装述评

（1983）

俄译中全文，分三期刊于《流行色》，俄原文载于《苏联装潢艺术》1979 年第 9 期（译文局部有修改）

一、20 世纪 60 年代

1964 年安德烈·库雷兹提议改变裙长，梅丽·广特就神魂颠倒地将裙子裁短做成"迷你裙"。这一事件之后，西方青年就神速且又鲁莽地闯入"流行风潮"中去。

在电子乐团震耳的音响伴奏下，透过迪奥、瓦伦蒂诺时装公司的丝绸帷幔，传开了"疯癫派"来到人世间的新信息。"疯癫派"年龄在 13 至 19 岁之间，是群专横无礼却又能左右未来的消费者典型。他们将老一辈创造的东西统统推倒，渴望确立自己的信息嗜爱。出现了男孩光头或卷发，女孩戴假发的极端时刻。姑娘们同 19 世纪女性的优雅美相对抗，穿起窄窄的超短裙，打扮成分不清男女的嬉皮士。社会上弥漫着一股狂热追求青春的浪潮。每个人不论年岁有多大，都应打扮成年轻人模样。

北美的西部牧童被贩卖到好莱坞做电视播像，开创了牛仔服装的新时期。时装的注意力被集中于人的下肢。越来越敢于裸露双腿，借助网编的长袜，试探其许可的裸露极限；而在另外场合，下肢则被裤管紧紧裹着。丧失了羞耻心和礼仪感的主顾们爱露身躯，时装对此开始持宽容态度。不单单改变了衣服的款式，而且破坏了传统衣着原理，服装的构成法则和人的行为准则都发生了动摇。这是 60 年代出现的某种反叛时潮。

到 60 年代中期，青年在外表上的骤变，应被看作社会变革的一种表现。学生中的"新左派"，公开号召取消共同文明，以迎合人的本能及其情感嗜爱。他们的抗议带有特异形态的"窃贼"性质，这反映在离家出走过游荡生活，或合伙迁居社团的古怪行为上面，在他们的穿着上也反映出来。青年激进分子不修边幅随便穿破旧牛仔裤、高领套头衫、补丁皮外套。从另一些资本主义制度"推翻者"和青年教徒身上，可以见到天鹅绒的裤子，侯爵式衬衫，光着脚穿凉鞋、头饰香花芳草。他们显得既温顺又善良，似求"野草那样自由自在"的生活和衣着，偶或吞服迷幻药，云游沉思的世界。

青年人反对习常的着装方式，外表装扮显现极端的个性风格。他们将互不搭界的衣物，如士兵裤同花边衬衫、海军衫同礼帽及蝶形领结，偶然地撮合起来。这是一种否定风格的"反时髦"，异常之处全然不在其外形，而是构筑在表现为冒险性本质冲突的基础之上，服装个别要素的出现，与其服用功能互相矛盾。

"纵酒作乐"的高级时装，由于受到"反时髦"粗野冲击的困惑而衰落，力求通过对从古埃及到爱斯基摩各族不同时期服饰加强研究的途径重新时兴。时装样品汇宛如远乡异国的旅游陈列，从中发现有西班牙多层裙、吉卜赛头巾、摩洛哥风帽、墨西哥斗篷、印度薄绢长袍和俄式靴鞋。为遨游月球的遐想，卡尔金和柯列施穿起自行设计的成套宇宙服；而依琳·哥里钦则建议将满绣纹饰的睡衣当作夜礼服使用。

为了维护艺术创作和商业经营的信誉，服装设计师必须对人们初萌的最微细、最难捉摸的种种情绪加以关注。60 年代系列决定性的技术发明，从业务行情评估出发，应予以记取。新型化纤的发明，促使轻质耐磨防皱价廉的生活实用服装的生产。大量质地新颖、结构独特、方便缝纫的混纺织物投放市场，反而使天然纤维显得"过时"了。纺织服装企业引进自动半自动的生产流水线，推销比天然纤维更加便宜实用、方便保管、外观又相仿的化纤产品，为设计师优质、多品地表达最复杂构想提供了可能。人们随着掌握化学染料的进程，使衣服色泽越来越鲜艳。这种趋势同样波及到制鞋业和服饰品生产。毛皮代用品广泛时兴。人们进行了人工上染贵重毛皮的首次合成试验，染红的卷毛羊皮同染蓝的鼬皮以新方式组合拼接。这种种惊人的技术可能性，开始制约实用品生产的艺术探索方向，并且决定其工业加工方法。

西欧对技术的崇拜渗透到了时装领域，它要让人相信，发达的经济力能经受住时装演变的任何速度，而个人在无特殊耗损情况下能够宽裕地更新自己的衣着。

优良的服装看来已不再代代相传，而几乎每隔一季度就变换一次。一日穿衣服的出现即为其突出表现。穿着赶时髦已成为服装机器生产有效体现设计构思、成批制作和供销实力的证明。服装设计师感兴趣的，不是穿衣而是穿得时新。

在"自做、自缝、自编"口号声中，青年人表现出对日常生活审美观的非文明化。他们自制袋形飘摇服，绳编包袋，手绘马夹，皮革上绣纹，用酸液腐蚀牛仔裤边。然而这种自发状态未能持续多久，因为市场需要的虽属"反时髦"，但仍是巧思、精制、量多的"文明"服装。

大众的时装，这是一宗利好买卖，它的商业机构依赖于国际贸易、大型的纺织工业，利用供销关系法则，甚至窃取经济情报。卓有成效的贸易原则，要求经常更换产品的品号和花色，这远比群众喜爱的本身重要，在竞争条件下是不能置群众的喜爱于自流状态的。

二、20 世纪 70 年代

西欧各个文化领域的审美观念，到 70 年代发生了急骤变化。对此突变，艺术评论家所能做的解释，并非流行趋势的简单更换，而是文化同社会之间价值关系形式本身的深刻变迁。70 年代的时装，热衷于这方面的探索。对时装而言，不再是"衣服的自身"（所有特征的总和），而是设计师这样那样的构想决定，他的思考、处理手法及表现形式，亦即对服装古今实践反复运用过的情节旨趣或样式素材所作的独特"解释"才显得重要。审美观念的这些变革，不论是否形成方案，有无理论反映及相应的宣言或公告，给现今时装艺术带来的影响以广泛的普遍意义。

70年代初期时装总的面貌，没有形成统一的风格，即便由伊夫·圣洛朗、马尔克·布安、路易·菲洛等大师全力以赴创制的巴黎样品汇，同样缺乏这种设计完整性。时装犹如被分支成了系列溪流，其中每一溪流灌溉着各自的田地。为年老、年青的，激进、恭谦的，不拘礼节、爱好风雅的不同对象，提供各式各样的服装。时装设计师运用多样化的服饰资料，来寻求吸引消费者的途径以便取得相互理解，而不论其观点、所属地位及现状如何。凡历史的社会的和艺术的活动，以及人们情绪上心理的活动，都成为服装艺术设计家必须精通的课目。

根据"服装——这是人依照时代精神所赋予其躯体的外部形象"这样的社会学观点来看，时装的外形特征往往被视为具有决定意义的，甚至是最本质的特征。举出到后来极其盛行的"尚武装"就可明白。服装的茶褐色调、军用腰带、绿色无沿硬帽和斜戴航空帽，拥有女体操运动员的风韵。这是70年代末期对无数军服的否定？究竟是怎么回事？是反战抗争、崇尚忠勇，抑或好战游戏？如果说内中蕴含对抗战苦难岁月和英勇主义的怀念的话，而今连天真烂漫的少年少女们也毫无惧色地乐于接受，将它变成一种悠闲消遣服装，那就可悲了。同时作为这种服装的配件：替代胸针的奖章、同结带相仿的勋章、军衔和兵种标牌，则像耳饰和发夹那样地使用着。

稍晚，美军被迫撤离印度支那，但服装上的"军事"活动并未从此休止，仅仅转移到了非洲之角和西南非地区而已。那种淡黄褐、乳脂黄的浅沼泽色帆布制服，软木盔帽，因炎热而卷袖穿的上装，褪色肩章座，装饰性缝线等等即所谓"殖民地"格调的装束，重新地被人们的普遍注意力所吸引。

对时装流行善于猎取社会共鸣的人，从不间断寻找新奇的事物。扩大了对中东产油国家的政策影响，随之发现那里的"闺中妇女"。她们端坐垫毯上，肩披透纱坎巾，细薄灯笼宽裤在金光闪闪的阿拉伯长袍下绰约显现，"东方之热"应运而生。诸如东方情调的立领、绸布棉袄、非对称形的新异钮攀等等，在西方的时装上都得到反响。

但如用政治因素能如此轻易地解释流行起因的话，那对专门研究者来说"时装民主化"这一永恒主题，似乎更具魅力。单凭人们的衣着难以判断富翁和工人"谁是谁"的某些场合开始出现。美国议员发表演说时穿着磨绒处理过的牛仔服，在普通套头衫外穿上装，成功地替代了必须系领带的皮夹克服装。在时装民主化进程中，从任性的年轻人那里学来的将单件衣服自由组合配搭，也许是最为进步的现象了。诚然，个人到服装店定制的高贵、独特时装，应属例外。

纵然如此，以风格探索的观点来考察时装，依旧是标准解释体系中最为主要的模式。

70年代大多数美国人，经历了围绕种族、麻醉剂、外侵和失业问题的长期争斗后，渴望着安定的正常生活。于是，纷纷回归家庭温馨、爱国情结和宗教狂热等"过时珍品"中寻找精神寄托。人们怀念过去的"酗酒时期"，带来了对30—40年代的理想化，因为当时的福利待遇和生活水平提高得快。怀旧和复古的潮流，很快地渗入家具、制鞋、电影、商业广告等行业，显然也波及到服装工业。在《欧妮·葛雷苔》、《十字架之父》等受人欢迎的影片里展示的服装风尚及其生活方式，成了当时畅销的热门货。精心复制那些似被忘怀的衣服，激起人们虔诚的情感。褶裥下坠自如的大蓬裙，缀天鹅绒绦条的绣衣，带膜片的船鞋，难以想象的面网帽，同女式化妆包相仿的微型拎包，凡此种种一一再现。"怀旧"成为人人都乐于接受的时尚，逐渐深入到社会的广泛阶层中去。于是乎大批量组织风格化时装的生产。通常持漠不关心态度的群众，一旦被怀旧情绪操纵，就一呼百应地投入到多情善感的美好回忆中去。

时装对服装历史上出现过的任何传统和流派，突然变得温存起来；不再花力气去创造"全新的东西"，而只掌握住为其倾心物的"支配权"，将"别人的东西"立刻变成"自己的东西"。时装流行就这样将以往审美声誉卓绝的"伟大风格"的传统样式，逐渐地纳入到自己的目的和兴趣的轨道上来，并开始同自己原有的遗产相融合。

1977年春，卡尔·拉格菲尔特为17、18世纪题材的影片设计的服装造型展，获得巨大的成功。他推出的服样包括：羽饰剑客帽、骑士短马裤、薄纱女衬衫、饰蝴蝶领花的男衬衣、波纹织物裁制的斗篷，两侧开衩的长礼服上装。有些衣款，如现代风帽领式的长款拉毛套衫、贴布绣的开衩裙，缀饰毛皮和轻纱花边的束腰紧身衣，以及带刺马针的过膝长靴，均呈现出明显的狂欢色彩。在20世纪中期，引起人们最大兴趣的仅限于复古派时装，而到了70年代就可在同一季节同时看到新古典派、新浪漫派和其他许多流派的时装样品。时装对风格的感觉变得异乎寻常地敏锐，以至单一复制某个时代的服饰已远为不够，而应对该时代的家具杂件、日常生活方式和物件所处环境的氛围本身，历史地加以改造才行。

但是，我们将70年代时装完全归纳为风格之恋，毕竟还缺少充分的根据。因为持此观点就无法让人理解，服装作品的风格肯定性在稍晚即逐渐地"被溶解"，而让位于不同时期、不同格调的衣物之间相互冲突这一课题。人们为了尽快顺应"个性风格"设想，开始信手拈来，身边有什么就穿什么，将单件衣物凑合在一起。女裙上配簇新的外衣，夏季套衫上围冬令围巾，裤管一律塞进长靴筒而不论裤式如何。莲娜·丽琪时装公司瑞拉尔·比卡尔所设计的多层性"袖套袖"时装，混搭了不协调的衣物，求取不期而至的视觉效果，成了广泛应用的实际样板。

三、20世纪80年代

80年代西方时装设计师声称放弃惯用的示意手法和伪装的质朴，提出：为什么杂技、街头剧和滑稽戏不能成为时装创作灵感的源泉呢？扬言："少许的愚蠢举动在任何时候都是无害的，而人的自我表现欲扩展到化装舞会那样的狂欢度也不可怕"，化装舞会上出现的种种作为，导致人们沉醉于嬉戏之中。应该觉察到，设计师们审美趣味和构想之大胆，已使他们陷入不知如何打扮才算漂亮的境地。诸如此类服饰的出现令人深思，因为在这里人的自我直接成了被取笑和受捉弄的对象，对胡闹开玩笑不再反感。乐于忍受对服装与环境之间相互作用的某种变异。时装不再是仅仅停留在公司展厅的专门陈列，而推广上街，在公共场所和公寓住宅作公开的展示。服装成了穿着者与观赏者之间取得社会、文化、美学联系的媒介。看来，对待时装如同以往仅对戏装才采取的那样态度，观赏者充当成主体，视觉心理规律在这里起着指导作用。"观众"一旦被吸引到时装的"表演"中来，就按照自己的习惯去分析服装作品的形象化意图，去理解服装语言所表达出来的构想内容。人们通常习惯于孤立地看整套服装的个别要素，这样易于明瞭，但若要作整体性观察时，就造成好像对含义深奥的潜台词茫然无知的印象，然而解谜"钥匙"神秘地被掌握在时装制造商的手里。

跨入80年代后，过去关于美的标准，或对"优雅"概念的传统理解，似乎都变迷糊了。到时今容许像流浪者、马戏团驯兽师和杂技演员那样的衣装打扮。著名设计师高田贤三，提议人们试穿未经熨烫的麻袋裤，着乱七八糟的裙子和另一种"气筒式"连衫裙，其款式：从肩褶部开始向下扩展至难以置信的宽度，而侧视裙裤则呈皱裥形状。另有一位设计师皮尔·卡丹，设计一种"丑角"时装，包括"别洛式"立领、蝶形领结、格子布椭圆形檐帽。"请抛弃害羞、恐惧心理和嘲笑习惯吧！如果同您的个性完全吻合的话，那就像马戏团小丑那样穿戴吧！"

爱好女性美的男士们，向勇于从男装吸取滋养料的妇女效仿，脱掉了作为严肃表征的过时的粗呢制服，改用缎子、丝绒或其他艳丽织物给自己添衣裳。男式单排扣上装、系超长领带的衬衫、压近眼部的斜戴软帽或顽皮式鸭舌帽，与女装吊袜带和假腰束拼配到一起。

我们从西方时装师们众多近作中发现时装流行所反映的心理两重性。流行在一方面，力求免除可能产生的"惰性"，在自己设想的范围内加以节制，将受到各种文化史影响、琳琅满目的产品展示在人面前，流行在这里取信于消费者，对其接受度事先冷静地加以预测。但是在另一方面，时装却又将流行作为具反响作用的一种构成，自身的震荡剂及直接的意识鼓动而广加利用。单单例举"野性装"就足以说明。这种野性时装的视觉效应，完全构筑在红、黑和亮绿、或黄和黑、或紫和绿等几组对比色匹配产生的色刺激上面。服色既浓艳又刺目，当"表演"时在光照下搏动，汇集到令人眩晕的天幕光的闪烁中。基于同样的配色原理，织有条纹、团花的锦缎被赋予半暗、闪光、又半暗、又闪光的织物外观效应。为了同这种衣物保持色彩对比关系，穿衣人必须增强自己的面部肤色，于是乎就将脸儿涂抹成面具模样。野性时装起初只见之于西方大都市，如巴黎"平面地毯"、纽约"54号训练室"或罗马"第一号房"等夜生活场所，后来飞速流传到了成千上万个音乐俱乐部中去。

似乎与"野性装"的激荡风格相映照，同时流行着"看明天"时装。该流派的时装设计师，建议妇女穿用双绉、希丰纱或克什米尔呢面料，缝制垫肩、四角边饰并打裥的外衣，狭长的开衩裙，前胸敞露着，头戴面网软缎小帽。被推荐投产的还有皮革泳衣，闪亮金属鳞片的芭蕾紧身衣，金银丝织物缝制、穿在厚实外套里边的贴身胸衣。纵观这类衣着倡议，不免让人得出这样的结论：西方世界对衣服概念的思维活动变换得过于快速，以至于单凭心理就可能无法加以接受。

四、简短结语

西方时装师在异乎强烈且又怪诞的不同设计方案中，其审美趣味的折衷及混乱，自然而然地给人们以惊讶感。意大利《沃阁》杂志曾对西欧20位著名设计师提出质询："时装流行的全面偏执还将持续多久？"他们的回答太过笼统，或含讥讽，或则支吾不清。他们思想上的不知所措，看来比服装上反映出来的更加严重。

某些时装理论家断言：他们是作为历史过渡期固有的紊乱状态的现代见证人，让一切自生自灭，对现实不分析，接受"服装是啥样就是啥样"的现状，宽容不同流派的种种艺术探索，这样才较为合理。有些学者认为，无拘无束的举止，鲜艳夺目的装束，丧失理智的消遣，恰好是同时间并行不悖的最自然方式。第三种人的见解是当代时装上并无异情发生，仅是形象构成的正常调整和审美体系的改组，一切相安无事，今日动荡之物到明天就成常规，成衣时装即从杂志封面转移到规范化生产的服装商店里去。与此同时，时装设计师们自己则深感时装发生了特别明显的变化，以至"在衣柜内贮藏两年后再穿、有同样良好的自我感觉、又同样让人赏心悦目"这样的衣服，往往仅带偶然性的外形轮廓了。这样的衣服"真实"概念，已经一去不复返地成为过去。

我们从时装按季变换"影像"和"线条"的自身运动做分析，就有可能捕捉到也许必须重新确定的某些分析原则，以便让这些分析原则同文化的逻辑方式，较之同占统治地位的风格方式，尤其是同局限于流行概念本身的方式，拥有更多的共同点。

但是应该牢牢记住：西方的时装流行是一个动态的、富有神话色彩和充满诱惑力的世界。它会迷惑符合逻辑的科学解释，使人走上虚假道路而搞出简单化的图解。因此，只有对60—80年代的时装，从其艺术本质、特征、功能等方面进行文化的逻辑思维，在社会、心理和社会艺术生活的更加广泛而又自相矛盾的关系中间，才能把西方时装的流行问题评述清楚。✿

服装流行趋势研究

（1987）

俄译中文，节录自朱钰敏、程启合译《服装设计基础》一书（第一章第四节）
原作者 特·弗·科兹洛娃，女博士教授，服装教育专家，曾来华讲学，系笔者访学期导师

流行现象是一个很复杂的现象，它与社会生活中一系列的因素相关，并且涉及人们活动的许多领域。

流行可被理解为一种在生活领域或文化某个领域里占据上风并瞬间即逝的特定趣味。流行的趋势表示在风格上必然的或多或少的演化，而这种演化则与人们调节社会行为方式相联系。社会行为体系与其他的许多体系，如礼仪、道德、习俗、法律等等有关，它的特点就在于变化迅速。

什么时候开始有流行现象，众说纷纭。有些学者认为是在中世纪，另一些则认定比中世纪还早。但是可以确切地说，直到20世纪出现了工业化制衣方式之后，流行才发挥出极其重要的作用。迄今为止，巴黎一直是国际时装流行的中心。法国时装能占据领先地位的原因之一，在于它始终在国民经济中起着举足轻重的作用。

人们常常将流行与服装联系起来，使服装成为流行最鲜明的体现物。而流行的成因，与社会生活现象和阶级因素有关。超人的优越感和个人的表现欲时常在服装上反映出来。

根据16世纪法国颁布的条例规定，唯有皇家血统的人才有资格穿用金银线装饰过的服装，处于中层地位的妇女只被允许在自己的衣裙上装天鹅绒的袖子，而农民穿丝绸服装属严禁之列。

历史上由于服装而引起社会抗议的事例，早为人所熟知。斯巴达克人为保留自己露胸、裸足的短衣，拒绝更换纯洁、遮体的雅典服装，在他们看来后者是不足取的。同样，彼得一世为推广从国外引进的服装，花费了巨大的代价。

但是，当社会上刚刚出现不安宁，开始谴责起什么的时候，人们却会对受责难的东西表现出浓厚的兴趣，从而它就被变为一种流行的东西了，这样的事实是毫无疑问的。人们使用服装不仅是为了满足遮体的需要，而且也是为了表现体态之美。于是就须采用柔软、细薄的织物做衣服，使人在活动中展现身姿。同样，连衣长裙为了显露颈肩，有时将领圈开到了胸位底部。

然而，社会上不同阶层按各自方式"需要流行"，对流行做出各自的反应。有一些人对流行的感觉很敏锐，他们接受新鲜事物比任何人都快。与此同时，有些人对待新潮流极其谨慎，为了接受它，使它合乎规范，往往磨蹭不少时间，因为流行趋势的作用全在于倡导，甚至将会成为决定社会行为的准则。青年人对新事物通常最敏感，中年妇女热衷于较稳定的传统式样。然而对时装流行本身正企望这样的人群关系，即对待流行的态度，有的人感受得快速，有的人接受起来较为迟缓，有的人仅仅吸收流行中的传统意向而已。因此，在每一种流行趋势中间，都夹杂着两、三种"附和性流行"，它们使不同社会阶层的不同需求都得以满足。

与此同时，围绕时装流行总伴随着反流行的趋势；反流行趋势当发展到一定阶段，就会破坏流行趋势所形成了的价值体系。

1966—1967年间，嬉皮士服装的诞生成为轰动西方的事件，但这种服装款式仅是将不同国家民间服饰的因素加以机械拼凑而已。

脱胎于嬉皮士服装的超长时装，出现在1969年。从1970年开始，将所有的流行趋势混和起来，产生了所谓"茨岗时装"。它那飘摇的头巾、宽松的裙子、褪色牛仔布料做的超便装，有军装特色的夜便服，以及"基奇"便装等款式上都表现出茨岗式服装的风格特征。（茨岗时装即吉卜赛时装，或指波西尼亚风格——译注）

从这些服装款式呈现出一种流行危机，这绝非偶然的现象，它反映一系列震撼时装世界的急剧变动。正如法国著名艺术学家勃罗诺·杜·洛席所说："对这种价值标准无法表示怀疑时，能清醒地感到全部价值本来就处于危机之中，而当一提到时装流行，也就触及到社会本身的基础。"

流行刚一问世，紧接着就自行消失，流行的机制就是以这个原则为基础的。然而，为了让服装上所体现的构思和款式流行起来，必须得到大多数人的赞同，使它们变成众人神往的心爱之物。而要做到这一点，就必须使不同的社会阶层适应这种流行趋势，那就需要一定的时间。

若要使物品出奇，就要限制其数量；而要让物品普及，就该让它为广大群众接受。因此，必须使物品尽量仿效那种稀有物品的外貌。

人们的喜爱需求，构成服装生产发展的一大要素。许多时装设计师的工作，纯粹是让作品给人新奇、稀有和珍贵的感觉。

这样，我们从一个方面看到了流行机制作用的自然性，同时从另一方面看到流行变迁的人为性，即不稳定性。假使流行现象本身就有这样的矛盾存在，那我们能否认真看待它的出现呢？

我们可以观察到，时装流行变迁在相当长的历史阶段内是有规律可循的，而在短时期内则往往显得杂乱无章。流行趋势拥有领域宽广的手段，从长远看有规律性，从近期看有紊乱性。

如果对流行在其长期存在过程中的演变规律加以研究，那就有可能预测到它的发展趋势。对服装流行的预测工作，不仅在生产成衣阶段，而且在生产纤维、纱线和织物阶段都有必要。从纤维原料的加工起，到成品服装出售之前的生产周期，一般需要2至3年的时间。

预测流行趋势时，不仅要观察服装主要流行倾向的发展动态，还要观察不同类型的人们对流行的反映情况。

上面研究时装流行演变原理的成果说明，流行趋势受到严格规则的支配。

20世纪服装外轮廓的几何形变化，就是以长方形、三角形（或梯形）和椭圆形为基础的，如图1所示，这三种几何形状，实际上分别是圆柱体、圆锥体和球体的投影图像。

图1　20世纪服装的外轮廓几何形示意图

假如将历代的服装样式作一番比较的话，我们不难发现服装交替地变换着这几种几何廓形，长方形的古希腊服装，三角形和梯形的中世纪服装，正方形的文艺复兴时期服装，椭圆形的巴洛克服装和罗可可服装，以及20世纪长方形的现代服装的风格轮换中得到反映。

每个时期的服装，通常同时发展着两种外轮廓几何形状，它们虽则互相共存、互相争斗又互相交错，但有一种外形占据优势地位，起着支配其他外形的作用。其间，每种轮廓外形都有各自在宽窄、长短上变化的周期。

服装三种基本轮廓外形如何演变的概念，显示在正弦函数的曲线示意图上。每一种服装外形在任何时期也不会完全消失，只是处在流行趋势的限定的范围之内，它仿佛会从这内部发展开来，当达到一定程度就重放异彩，如图2所示。

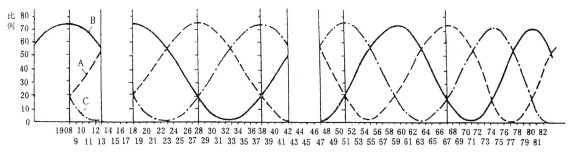

A.------长方形轮廓　B.——椭圆形轮廓　C.—·—·梯形轮廓

图2　服装三种几何形轮廓的演变规律图

在分析服装轮廓外形发展变化的基础上，确定服装式样的变化周期为：100年、72年、48年、36年、24年、12年、6年和3年。其中以12年、6年和3年的变化周期最为显著，可称之为流行周期。而时间长的变化周期，通常反映经济、社会生活中的重大事件，体现那个时期服装的样式特点。至于服装的长短，同样存在着参数变化的规律性，如图3所示。

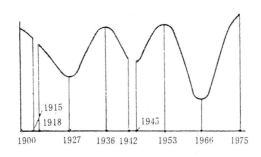

图3　1910—1975年间女裙长度变化曲线图

服装式样的经常性变换，都只涉及服装的外部特征，如材料质地、织物色彩、线条装饰和一些其他因素，这些因素被称为动态因素，而服装在其结构方面的各种因素，包含织物的组织结构，衣片的几何形状，衣片各部位的比例关系，以及尺寸规格参数等等，都较为稳定，被称之为静态因素。静态因素通常不受流行经常、剧烈更替的影响，这样也就有可能更深入地来研究服装和揭示服装的内部特征。

但是，动态因素对服装的结构变化起着极其重要的作用，它会使陈旧式样从根本上淘汰掉，在其样式构成上进行大胆革新。

服装时新款式的积极推出本身，就是对较为稳定的基本服款的一种否定，而从其实质看，服装的稳定款式却都组成该时期的服装文化宝库。

对工业化生产来说，制造出来的连衣裙、外衣、裤子、短外套等各类品种的服装，它们相互间必须搭配协调，有着统一风格的构成基础，这是至关重要的。每个服装企业生产的产品都应有自己的形象特色和风格特征，但无论如何，必须能组合成特定的统一整体。在这种整体制约下，将各组的服装单件衣物的造型确定下来，并加以发展变化，以期集中地反映现代生活的崭新面貌。

附录：作者发表过的其他文章

附-1　《法国名画上的服装——法国 250 年绘画展观后》
　　　（1983）载《苏州丝绸工学院学报》

附-2　《试论衣料图案的"服用性"》
　　　（1979）载苏州丝绸工学院学报《丝绸与美术》专刊

附-3　《服装系列设计纵横谈》
　　　（1993）载《时装》1993- 春、夏

附-4　《现代防护服装的设计研究》
　　　（1993）载《中国纺织》1993.1

附-5　《雅库特民族的马褥纹样》
　　　（1990）载《中国纺织美术》1990.4

附-6　《服装造型与错视应用》
　　　（1988）载《女性时装服装》（浙江人民出版社）ISBN7-213-00163-9/G·28

附-7　《针织服装》
　　　（1993）载《服装设计学》（高等纺织院校教材，中国纺织出版社）第十一章
　　　ISBN7-5064-0929·1/TS·0867（课）

附-8　《特种功能服装》
　　　（1993）载《服装设计学》第十二章同上

附-9　《服装概述、服装造型设计构思、服装部件造型》
　　　（1988）载《服装造型设计》（中纺大研究生考试科目书目，纺织工业出版社）
　　　ISBN7-5064-0094-4/TS·0094

附 -10 《童装设计特点初探》

（1987）第一作者，载《服装新潮（1）中外时装》（浙江科技出版社）

附 -11 《服装概述、服装造型设计》

（1985）载《实用服装设计》（深圳大学、上海纺织专科学校服装函授部编,全国服装
函授教材）

附 -12 《丝绸图案设计与工艺》

（1973）第一作者，苏州丝绸工学院试用教材

附 -13 《丝绸印花图案设计（讲授提纲）》

（1961—1963）苏州丝绸工学院试用教材

附 -14 《服装设计基础》

（1987）中译本,科兹洛娃等著,朱钰敏、程启译编,纺织工业出版社
ISBN7-5064-0007-3/TS·0008（翻译第一、二章和参与统稿）

附 -15 《服装的样式和样式构成》

（1988）中译文，载《中国纺织美术》1988-1

附 -16 《民族民间服装对现代工业成衣的启示》

（1989）中译文，载《流行色》1989-2

附 -17 《民族民间的象征主义》

（1992）中译文，载《流行色》1992- 冬

附 -18 《赤橙黄绿青蓝紫——浅析服装色彩》

（1992）中译文，载《服饰与编结》1992- 冬

附 -19 《总体设计基础知识》

（1980）中译文，载苏州丝绸工学院《丝绸与美术》专刊

附 -20 《俄汉纺织工业词汇》

（上海纺科研究院主编，纺织工业出版社 1985 第一版，统一书号：
17041·1353）笔者提供服装和图案词汇